經營顧問叢書 ㉕⑨

提高工作效率

丁振國　編著

憲業企管顧問有限公司　　發行

《提高工作績效》

序　言

為什麼很多人感覺自己工作很盡力，卻未達到預期效果或者收效甚微？原因是工作效率低。為什麼有的人工作很輕鬆，而且還能保質保量地完成工作？原因是工作效率高。

在日常中，有的人整日忙碌，但卻難以完成工作任務；有的人喜愛閒談，時常因此耽擱了正事；有的人面對繁雜的工作，不知從何處著手……這些情況都是不注重工作效率的結果。

什麼是工作效率呢？所謂「工作效率」，就是在同等時間內完成工作量、工作質的多少。雖然很多人，包括處於中高層的管理人員，都能意識到提高工作效率的重要性，然而真正能做到高效率工作的人卻並不多。本來用一個小時可以處理完的事務，卻用了幾個小時才處理完；本來用一周時間可以完成的一個項目，卻用了三周才完成。**工作效率低下的現象比比皆是**。

工作效率和每個人的切身利益息息相關。一個人的工作效率高，自然能高效地完成工作，工作業績也會增加。**工作效率**

-1-

更是關乎企業的切身利益，在一個企業中，如果每個人的工作效率都提高了，那麼企業的整體效率就會大大提高，這會給企業帶來巨大的效益。從管理學的角度上講，企業管理的主要工作是如何提高整個企業的企業效率，個人管理的主要工作是如何提高工作效率。縱觀那些成功人士，都是高效率工作的傑出代表。

　　本書是針對企業人員要「如何提高工作效率」而撰寫。只有提高工作效率，才能用最短時間、最少投入，出色地完成各項工作。在激烈的競爭條件下，提高工作效率，是提升個人競爭力的最有利的武器。從某種意義上說，人與人之間的競爭，就是工作效率的競爭。一個人的工作效率高，必然會占得先機，領先他人一步，成功的幾率就大。

2011 年 4 月

《提高工作績效》

目 錄

1 要走到目標，必須抬頭看路

埋頭苦幹是不夠的，這樣就看不到前方到底是平坦大道，還是崎嶇山路，不要埋頭拉車，還要學會抬頭看路。

不管是企業還是個人，對願景的描繪代表了對未來發展方向的一種期望、一種預測、一種定位。只有清楚了未來的發展方向，才能有針對性地制訂出切實可行的目標。目標明確，方向無誤，這樣才不會瞎忙。

◎沒有目標，怎麼能不「瞎忙」

如今，「忙」已經成為許多人的口頭禪。面對快節奏的生活和工作，似乎誰都沒閑著，「忙」已成為大家爭相抱怨的主題。「我很忙」、「最近忙死了」成天被掛在嘴邊，日復一日、年復一年地忙於完成任務、充電培訓、參加會議、應酬客戶……很多人是「兩眼一睜，忙到熄燈」，「忙」已經成為人們生活的常態。

忙，本來是好事，是受重視與有能力的表現，更是成就自己事業的基礎。但是許多時候，我們忙得廢寢忘食，卻是在盲目地忙著，不知道為何而忙，不懂得該如何忙。盲目地忙碌，最終只能碌碌無為，收不到任何實際效果。

在生活中，我們常常會發現一些沒有目標、沒有方向、沒有

規劃的人，他們整天忙忙碌碌，暈頭轉向，結果卻因爲做了大量無意義的事情而使得忙碌失去了應有的價值。

無論是在生活中還是在工作上，我們應該對努力的人表示尊重，但是也應該知道，那些沒有目標而盲目努力的人，最終將一事無成。

那麼，爲什麼會有那麼多人陷入了沒有目標的偏失呢？綜合分析，原因無外乎以下幾點。

1.忽視了目標的重要性

如果一個人所成長的家庭、生活的圈子裏沒有制訂目標並努力實現的氣氛，沒有人把目標當回事，那麼就很難讓人形成目標意識。在工作中，如果所屬團隊，甚至整個公司沒有目標管理，個人工作也會受到影響。因此，許多人都沒有意識到制訂目標的重要性，不知道目標是一個人成長和發展中至關重要的因素。

2.缺乏制訂並實現目標的自信

可以想像一下，如果一個人突然表示自己要在幾年內取得多大的成就，或者成爲一個多麼了不起的企業家，週圍的親朋好友會是一個什麼樣的態度。欣賞贊成者固然有之，但多數人會不屑一顧，甚至冷嘲熱諷，會說他是異想天開、白日做夢。這時候，這個人就會擔心自己能否實現目標，也害怕目標會給自己帶來壓力，更害怕失敗後遭人嘲笑，於是他很可能很快就會放棄目標。

3.不清楚什麼是真正的目標

有的人會把一些美好的設想、夢想甚至幻想錯認爲是目標，例如「我要賺很多錢」、「我要好好生活」、「我要過得幸福」等。

實際上，目標必須是明確的、具體的，它應該可以被很清晰地描述，它的難易程度也應該有一個明確的衡量尺度。

4.找不到達到目標的策略和方法

當我們清楚地知道目標是什麼的時候，就應該通過學習和借鑑，找到實現目標的策略和方法。如果不知道達到目標的方法和途徑，即使有了目標也很難實現。就好像一個人說要去某地，即使他知道其具體地點，但是如果沒有物資設備，沒有一定的經濟基礎，甚至是必到的決心，同樣也不可能到達。

阿諾德·施瓦辛格，1947 年 7 月 30 日出生在奧地利的特爾村。施瓦辛格年幼時就有一個夢想：成為這個世界上最強壯的人。於是，在很小的時候他就開始為他的這個人生目標而努力。

父親希望他踢足球，他卻十分投入地去練舉重和健美。

父母怕他鍛鍊過量，不得不把他去健身房的次數限定為每週 3 次，可他卻偷偷地在家裏把一間沒有暖氣的房間改為健身房繼續鍛鍊。

他後來回憶說：「我有一套嚴格的訓練、食譜和比賽計劃，我總是把這些內容寫出來。我不能在鏡子裏看到自己肌肉鬆弛的樣子，不能違反自己制訂的計劃。」

正因為能夠長期朝著目標堅持不懈地努力，施瓦辛格最終成為一名世界聞名的健美運動員。

1966 年，19 歲的施瓦辛格獲得了「歐洲先生」的稱號。此後，他幾乎包攬了所有的世界級健美冠軍，其中包括 5 次「環球先生」、1 次「世界先生」、7 次「奧林匹亞先生」，當之無愧地成為「健美之王」。1997 年，國際健美聯合會授予施瓦辛格「20 世紀最優秀的健美運動員」的金質勳章。

這時候，施瓦辛格又有了一個新的目標，開始為他的第二個夢想而努力——成為電影明星。

從 1970 年施瓦辛格開始拍攝《大力神在紐約》起，他至今已主演了近 20 部動作片，幾乎部部叫座，在全球影響極廣。其中最大的商業成功是影片《終結者》系列，這使他成為當時全球收入最高的演員之一。「魔鬼終結者」也成為好萊塢的經典形象之一，施瓦辛格的名字已成為動作片的代名詞，也是票房的保證。更難得的是，他為拓寬戲路還出演了幾部喜劇片，同樣大獲成功，這也是其他動作片明星所無法比擬的。

自從 20 世紀 80 年代以來，《終結者(續集)》收入超過 5 億美元，《真實的謊言》收入 4 億，《龍兄鼠弟》、《全面回憶》和《幼稚園員警》都分別超過 2 億。在所有好萊塢主流影星中，施瓦辛格是唯一一位半路出家的演員，而最重要的是，那種百折不撓、堅忍不拔的意志，貫穿了他在各個時期的奮鬥歷程。

很多人都認為功成名就的施瓦辛格大概會像以前的明星一樣，繼續拍片，然後退休享受生活，寫回憶錄安度晚年等。但是施瓦辛格又做了一個幾乎讓全世界都為之驚訝的決定——進軍政壇，這是他最新的目標。

2002 年 7 月 14 日，阿諾德·施瓦辛格在德國首都柏林舉行的《終結者 3》首映式上透露，他將加入角逐新一屆加利福尼亞州州長的行列。

2003 年 11 月 17 日上午 11 時 20 分，施瓦辛格正式宣誓就任美國加利福尼亞州第 38 任州長。

施瓦辛格的成功，讓我們再一次看到了一個普通人是如何通過自己的努力，一步一步朝著自己的目標，把自己的夢想變成現實的。

我們看到了施瓦辛格的努力，更看到了目標的巨大力量。

◎不光要埋頭拉車，更要抬頭看路

俗話說「只埋頭拉車，不抬頭看路」，是說如果一個人做事，雖然有吃苦精神，但是沒有目標，不看方向，結果往往會吃力無效果，事與願違。可見，埋頭拉車是很重要，但更重要的是學會抬頭看路。不然，且不要說把車拉得怎麼樣，能不能把車拉到目的地都是個問題，沒有方向的趕路只是徒勞，甚至是南轅北轍。

高爾夫運動是一項很時尚的運動，它之所以能夠風靡全球的原因之一，是因為這項運動需要球手頭腦和全身器官的整體配合。每次擊球，球手都需要先仔細觀察和思考，然後再判定如何擊球。擊球過程中，還需要手、臂、腰、腿、腳、眼睛等各部位有效配合，把握好力度和方向，這樣才能把球打好。擊球的關鍵在於兩點──「方向」和「距離」。

很多初學者光想著如何把球打遠，往往忽視了方向的重要性。實際上，把球打偏了，你打得再遠也是白打。由此看來，「方向比距離重要」，這是擅長打高爾夫的人時常謹記的一條原則。

這條高爾夫球運動的重要法則，同樣可用於指導我們處理日常生活和事業中的一些事情。方向把握對了，即使慢些也能漸漸走向成功；但要是只顧著朝前走而走錯了方向，不僅白忙一場，而且還會離成功越來越遠。對打球來講，球洞所在的位置決定著球手使力的方向；對於生活而言，試圖實現的每一個目標就是你前進的方向，也是你嘔心瀝血辛苦忙碌的終極意義。

有一個人種了很多蔬菜，為了防止蔬菜被別人偷走，他在菜地週圍築了柵欄。但是有一天，他很驚訝地發現，他的蔬菜被偷

走了很多，但奇怪的是柵欄並沒有遭到損壞。

經過開會討論，全家人一致認為發生這種事的根本原因在於柵欄的高度不夠，別人能夠躍過柵欄偷走蔬菜。於是此人把柵欄在原來的基礎上又加高了一倍。

但是第二天，他發現蔬菜又被偷了，於是他再次加高了柵欄的高度。沒想到兩天后，他發現蔬菜還是被偷走了很多。此人百思不得其解：什麼人這麼屬害，能翻越這麼高的柵欄呢？

而這時候，旁邊有幾個經常偷雞摸狗的無賴正在竊笑不已。

「你看，這個笨蛋會不會再繼續加高柵欄呢？」甲問。

「這很難說，」乙說，「可是如果他依舊忘了關柵欄門的話，還會發生以前的事情。」

我們很多時候就像這個只是忙著加高柵欄，卻始終忘記關門的人，只知道埋頭幹活，只知道有一堆的問題等著去解決，卻不能稍微停一下，思考一下問題的關鍵在那裏，結果白白投入了很多的時間和精力，卻沒有收到任何效果。

事有本末之分，要想自己種的蔬菜不被偷走，關好柵欄的門是本，加高柵欄是末，捨本逐末，不得要領，自然是費力不討好。由此可見，辦事應要抓住事物的主要矛盾或者矛盾的主要方面，因為這些關鍵因素制約著事情的發展，涉及事情的本質。所以目光短淺、粗心大意的人往往不辨東西，結果費了工夫也沒有什麼效果；而善於觀察、懂得思考的人往往會抓住事情的關鍵點，直接切中事情的要害，有效地控制事態的發展，並且能出色地完成任務。

在這個競爭激烈的時代，忙碌成了很多人生活的常態。很多人抱怨自己的時間不夠用，抱怨自己忙。其實之所以造成這種狀

況，大部份原因是由於這些人常常只顧著埋頭拉車，卻忽略了抬頭看路，缺少了思考、總結這重要的一環。要知道，只有經過休整與總結，才能使今後的忙碌更具成效。

世界首富比爾‧蓋茨每年都要進行兩次為期一週的「閉關修煉」。在這一週的時間裏，他會把自己關在太平洋西北岸的一處別墅中，閉門謝客，拒絕跟包括自己家人在內的任何人見面。通過「閉關」使自己處於完全的封閉狀態，完全脫離日常事務的煩擾，靜心思考一些對公司非常重要的問題。蓋茨的「閉關」不僅是一種休息方式，還是一種高效率的工作模式，是一項讓整個微軟公司和他自己能找準發展方向的重要舉措。

培根曾經說過：「跛足而不迷路者能趕過雖健步如飛但誤入歧途的人。」人生旅途也是這樣，只有方向正確的人才有成功的可能。假如一味地向前走，不管前面是深淵，還是江河，一頭紮下去可能就再也不能起來了。

成功的人生離不開正確的方向以及在正確線路指導下的持續奮鬥。如果說人生如大海航行，那麼人生規劃就是其基本航線。有了航線，我們就不會偏離目標，更不會迷失方向，進而能更加順利和快速地駛向成功的彼岸。

前車之覆，後車之鑑。現實中，我們不一定知道正確的道路是什麼，但時時反省卻可以使我們不會在錯誤的道路上走得太遠。有不少「瞎忙族」總是抱怨自己忙，沒有時間，殊不知抽出空來抬頭看看路，能讓今後的忙碌更具成效。

2 適度放權，合理授權

◎諸葛亮不放權

人的一生，不過是歷史短暫的一瞬，時間、精力和認知水準都很有限，不可能什麼都懂，更不可能什麼都要親自去完成。如何在短暫的一生裏，充分有效地利用一切可以利用的資源，真正實現價值的「單位效益最大化」，是每一個成功者必須認真考慮的嚴肅課題。

在中國許多老百姓的心目中，三國時的蜀相諸葛亮可以說是一個神話般的人物，在評價羅貫中的《三國演義》時說，「狀諸葛之多智而近妖」。饒是諸葛亮上曉天文下知地理，「功蓋三分國，名成八陣圖」，如何的英雄了得，到頭來總是逃不脫「出師未捷身先死，長使英雄淚滿襟」的命運。

諸葛亮的失敗在於他太過自戀，不懂得適度放權，總以為什麼事情都只有自己才能夠做好，只有自己才能夠做到盡善盡美，所以事無巨細事必躬親，什麼事情他都「一言堂」，一個人說了算，這樣做直接的後果是勞心勞力過度，只活到 54 歲就死了。

諸葛亮「包打天下」的作風，應該說是他管理理念的落後和管理手段的缺陷。自己費力不討好把身體拖垮了不算，還把和同事、下屬的關係處理得很糟糕。劉備「白帝城托孤」的時候，曾

經明確表示把蜀漢的軍權交給李嚴，可是諸葛亮不放心啊，李嚴可是一名降將，要是他帶頭造反怎麼辦啊？所以這軍權是不能放的，後來還乾脆尋個不是，把李嚴罷為庶民了事。

諸葛亮事必躬親一個最嚴重的後果，是直接導致蜀漢人才的青黃不接。因為他管理理念的落伍，堵塞了人才的成長道路，無法給下屬創造獨立思考、獨當一面的鍛鍊機會，使下屬紛紛喪失信任感和責任感，只剩下依賴感。蜀漢政權在諸葛亮這種管理體制的領導下，順理成章地從「荊楚多壯士，益州盡奇才」的繁榮，淪落到「蜀中無大將，廖化做先鋒」的淒涼。而作為諸葛亮前輩的劉邦，雖然無論學問還是智謀都遠不及諸葛亮，可是他懂得人盡其才的用人之道，知道適度放權，策略由張良制定，後勤交蕭何打理，軍隊歸韓信統帥，終於成就了帝王霸業。

陳君剛做到廣告公司策劃總監位置的時候，一心想在老總面前表現一番，所以也像諸葛亮一樣事必躬親，任由手下的十幾號員工在 QQ 上談情說愛打情罵俏，自己一個人忙得半死。

一個月下來，本來弱不禁風的陳君瘦了整整 5 斤，感覺自己是一個人頂十幾個人用，心力交瘁，疲憊不堪，不料業績卻沒有多少起色。

這時候陳君的老總找他談話了，他說他看到了陳君的敬業精神，看到了陳君對工作的極大熱情和對公司的一種強烈的主人翁意識，他很高興，這是一種成功者應具備的素質。但是，他又說，任何的成功者都必須依靠團隊的力量，充分挖掘每個員工的長處為我所用，這樣才能事半功倍，更快地實現我們事業的成功。他還說，幾乎每個企業家或者成功者都有一種追求完美的通病，都以為只有自己才能把事情做得最好，這是無可厚非的。但是，如

果誰能率先跳出這個框框，捨得放權，然後加以適當的監督，誰才能獲得最大的成功。

老總的話，每一句都說到了陳君的心坎上，讓陳君有一種茅塞頓開的感覺。從這以後，陳君開始有的放矢、各取所長地激發部門裏所有員工的工作積極性，給他們充分發揮自己智慧和才華的空間，員工們非常感謝陳君的信任。為了表現自己的工作能力，他們往往能把陳君分配的工作做得比原來期望得好許多，而且，他們有時候一些即使不是很成熟的想法，往往都夠拓展陳君的思維，激發陳君的靈感，放權後的陳君有更多的時間站在一個宏觀的角度去制定和調整策略。這樣，工作越來越得心應手，不但自己越來越覺得輕鬆，而且效果也越來越好，業績也得到了飛快的提升。

◎大權獨攬，管好該管的事；小權分散，放下不該自己管的事

有的人工作十分繁忙，可以說「兩眼一睜，忙到熄燈」，一年365 天，整天忙得四腳朝天，恨不得將自己分成幾塊。這種以苦力解決問題的思路太落伍了。出路在於智慧，要採取應變分身術：管好該管的事，放下不該自己管的事。

授權是領導者走向成功的分身術。今天，面對著社會共同快速發展的複雜管理，即使是超群的領導者，也不能獨攬一切。領導者的職能已不再是做事，而在於成事了。因此，他們必須向員工授權。這樣做的好處很多：

其一，可以把領導者從瑣碎的事務中解脫出來，專門處理重

大問題；其二，可以激發員工的工作熱情，增強員工的責任心，提高工作效率；其三，可以增長員工的能力和才幹，有利於培養幹部；其四，可以充分發揮員工的專長，不僅可以彌補領導者自身才能的不足，還能發揮總經理的專長。

◎ 事不必躬親，權不必抱死

領導者的時間和知識都是有限的，有效的領導者應懂得授權的藝術。授權是領導職責的一個重要內容，也是一種重要的管理方式。所謂的授權，就是指將權力授予其他人，以使其完成特定的任務，它將決策的權力從組織的一個層級移交至一個更低的層級。管理學家就說過，能用他人的智慧去完成工作的人是偉大的。如果領導者想使工作落實得更富有成效，就必須向下屬授權。

孔子的學生子賤有一次奉命擔任某地方的官吏，當他到任以後，時常彈琴自娛，不管政事，但是他所管轄的地方卻治理得井井有條，民興業旺。這使那位卸任的官吏百思不得其解，因為他每天即使起早貪黑，從早忙到晚，也沒有治理得那麼好。於是他請教子賤：「為什麼你能治理得這麼好？」子賤回答說：「你只靠自己的力量做事，所以十分辛苦；而我卻是借助別人的力量來完成任務。」

可見，倘若一個領導者「無權不攬，有事必廢」，不願授權、什麼都幹，那麼他將什麼都幹不好。

第二次世界大戰時，英軍統帥蒙哥馬利就提出過，身為高級指揮官的人，切不可事必躬親於細節問題的執行。他自己的作風是在靜悄悄的氣氛中「踱方步」，在重大問題的深思熟慮方面消磨

很長時間。他感到，指揮激烈戰鬥的指揮官，一定要隨時冷靜思考怎樣才能擊敗敵人。對於真正有關戰局的要務視而不見；對於影響戰局不大的末節瑣事，反倒事必躬親。這種本末倒置的作風，必將使下屬們無所適從，進退失據。

現代社會活動錯綜複雜，一個領導者即使有三頭六臂，也不可能事必躬親，獨攬一切。一個高明的領導者，應能做到在明確了下級必須承擔的各項責任之後，授予其相應權力。從而使每一個層次的人員都能司其職，盡其責。領導者除了作出必要的指示，一般對下屬無須過多干預，不宜事無巨細一律過問。這樣的領導者，就是懂得授權藝術的現代領導者。

有一名總經理見到工人遲到就訓斥一番，看到服務員的態度不好也要批評一頓。表面上看他是一位挺負責的領導，而實際上他卻違背了「無論對那一件工作來說，一個下屬應該接受一個老闆的命令」這樣一個指揮原則，犯了越權指揮的錯誤。下屬的出勤本來是工廠主任的管理範圍，服務員的態度好壞是公司辦公室主任的管理範圍，總經理的任務則是制定企業的經營戰略和生產規劃，他管理的人員應是各工廠及職能科室的負責人。

聰明人喜歡自己思考，獨立行事，只有懶蟲才會事無巨細地完全受命於人。如果企業的總經理包辦一切，什麼都不放心，從企業的經營策略到工廠的生產計劃，再到窗戶擦得是否乾淨，他全管，這就恰好迎合了那些懶蟲的心理習慣，因為他們不願動腦，不願思考，只需伸手，便可完成工作了，出了問題也不承擔責任。因為反正有老闆事事都包攬，誰不喜歡這樣的「好」老闆？

事必躬親對領導者來講並非一件好事。領導者把所有的事情都一籃子挑起，很容易滋養下屬們的惰性，而且會造成事無大小

全憑領導一個人說了算的後果，以至於離了他，整個部門就無法正常運轉。就管理成效而言，這是一種十分糟糕的情況。

領導者事必躬親的另外一個害處，是不利於激發部下和下屬的積極性與創造性，不能盡人才之用。創造性只有在不斷的實踐中才能體現出來，而喜歡自己動手的總經理恰好就截斷了通向創造性的通道，使下屬的行為完全聽從別人的命令和指揮。長此下來，會使員工們認為想也是白想，領導者早把一切都安排好了，即使有再新再好的創意也難見天日。

一個人的創造性如果難以得到體現，人也就無積極性可言，出了問題便停止工作，等領導者趕來處理，沒有一點能動性。對於那些有才華、有能力的部下或下屬，他們會比普通人更加迫切地希望體現自己的價值，而工作中卻處處都得不到表現的機會，在這種情況下，難免會有一種壓抑感，積得久了，就會遞交辭呈走人，這是可以預料的事。

3 為什麼辦事會拖延

每個主管在進入職場後，幾乎都想努力做好每一件工作，逐步提高辦事效率，早日做出業績。可是，正在你持續不斷進步的過程中，偶爾有一天，一個妖魔忽然跳出來糾纏著你，使你慢慢停止了前進的腳步。如果你不把它從你身上趕走的話，你所做的努力將會付諸東流，你會情不自禁地退回到以前平庸的水準上，

一生碌碌無為。

這個妖魔的名字就叫拖延。

拖延是一種極其有害於人們日常生活與事業的惡習，更是想做一番豐功偉業的人的大敵。耽誤他人的時間等於圖財害命。那自我拖延時間無異於慢性自殺。

公司主管幾乎都與拖延這個妖魔交過手，只不過是有人勝利了，辦事效率越來越高，而有人卻失敗了，心甘情願地做了拖延的奴隸，結果就像多米諾骨牌一樣，一張牌倒下，引發身上高效做事的一些良好的習慣跟著轟然倒下，使自己永遠與成功說「Bye-bye」。

如果你發現自己感染上了拖延的惡習，那就趕快診治吧。

造成拖延惡習的原因有很多。心理學家認為，造成拖延惡習的主要原因是缺乏安全感、害怕失敗，或者無法面對一些有威脅性的、艱難的事。另外，潛意識也是導致拖延的因素。

下面是造成拖延的幾種普遍原因：

1.對事情感到困惑

有時候，你之所以拖延，是因為你對自己該做什麼感到迷惑不定。你看到了事情的方方面面，卻不知道該從何處下手，因此你就開始拖延，並希望工作變得越來越簡單，這樣你才好開始去做。

你也知道，因為不斷的錯誤和失敗，使你實在很困惑，不知道該試著做些什麼，甚至認為你即使做了，也會把事情弄得一團糟。

這就使得你什麼事也沒做，停在那兒，一拖再拖。

2.對事情感到畏懼

很多時候，你可能是害怕去做一件事，所以才拖延現在的工作，或者懼怕正在做的事，遲遲沒有進展，結果使拖延在你身上紮下根來。

3.對事情感到絕望

絕望是一種神經衰弱的症狀，其特徵表現爲灰心沮喪，它可能使你對困擾你的事感到一籌莫展。這種狀況通常會導致拖延，而且很不容易克服。

當你感到絕望時，要你做個決定並不容易，你會感到完全無助。

幸運的是，只有少數人的拖延來源於絕望，大多數人則是因爲其他較不嚴重的原因而產生的。

4.不願承擔責任

有時你之所以拖延，是因爲你不願承擔更多的責任。你總是希望等到情況好轉了，再踏出第一步，結果導致你一拖再拖。

5.過於追求完美

你可能是一個過於追求完美的人，總想把自己的每件工作都達到最完美的程度，結果你很積極，完成的事卻非常少，別人挑你的毛病，你卻說：「我正在做啊。」可事實上，你不斷地拖著，是因爲害怕失敗。

6.依賴他人

依賴性很強的人做事也會拖延，因爲你自己無法獨立完成工作。因此總是把重要的工作往後拖，直至有人來幫助你爲止。如果你每次都能得到別人的幫助，你就會養成一套依賴別人的模式，只要這種模式有效，你就會一直用它。

7.對工作缺乏興趣

對工作缺乏興趣，是導致你拖延的一個最普遍的原因。當你對該做的事一點都不感興趣時，你就會經常受心理疲憊之苦，你就會用這種主觀疲憊狀態，作為拖延的理由。

8.身心疲憊

生理和心理疲憊都是導致拖延的主要原因，生理疲憊主要由於工作辛勞、工作時間過長或者緊張過度導致。當你身體疲倦時，即使你還是興致勃勃地工作，但你已經力不從心，只能採取拖延的辦法。心理疲憊主要來自無聊、不關心和沒有興趣，結果也是把工作拖下去。

4 制訂目標的 5 大原則

認定方向的人，速度快而平穩；沒有志向而猶豫彷徨的人，不但速度慢，且容易出錯。制訂目標也是同樣的道理。

有一輛空駛計程車違規肇事，員警問司機：「空車沒有載客，應該從從容容地開才對，為什麼還這樣漫無章法呢？」

這位司機回答：「就因為是空車，所以才容易出事！駕駛空車的司機因為急於找客人，總是東張西望，注意力不集中；有時正要左轉，心想右邊客人或許多些，又臨時改為右轉，所以速度雖不見得快，卻最容易出事。倒是載了客人的車子，司機心裏有一定的方向，即使開快點，也不容易出事。」

一開始上路就集中精力於目標所在之地的行為習慣，可以幫助我們在忙碌中養成一種理性的判斷，迅速確定每項工作的輕重緩急，從而保證自己走在正確的路上，每件事都為達到這個最終目標有所貢獻。

這並不一定意味著我們需要提前確定一年後的今天要做些什麼或者在那個地方，而只是提醒我們，把注意力從一些具體事情上移開，知道那些事雖然緊急卻並不重要，那些事雖然看起來還可以拖延，但卻對我們接近目標更為重要。

目標不是隨隨便便就能制訂出來的，也必須遵守一定的原則：

1.目標要明確而具體

美國財政顧問協會前總裁路易斯‧沃克曾經接受一位記者的採訪。記者問他：「到底是什麼原因使人無法成功？」沃克回答說：「模糊而抽象的目標。」記者請他做進一步的解釋。沃克說：「我在幾分鐘前就問你，你的目標是什麼？你說希望有一天可以擁有一棟山上的小屋，這就是一個模糊且抽象的目標。問題就在『有一天』不夠明確，『山上的小屋』不夠具體，也就是說，你希望那棟小屋是什麼樣子的，購買它需要多少錢，你心中沒有清楚的圖像。因為不夠明確具體，所以成功的機會也不大。如果你真的希望在山上買一間小屋，你必須先找出那座山，瞭解清楚你想要的小屋現在的價值，然後考慮通貨膨脹，算出 5 年後這棟房子值多少錢；接著，你必須決定為了達到這個目標每個月要存多少錢。如果你真的這麼做，你在不久的將來就會擁有一棟山上的小屋。」

在《富豪的心理》一書中指出：「我研究過的富豪，每一個都有著確切的目標，都明確具體地為自己寫下過要賺的錢的數額，並同時確定了完成這一目標的時間表。」

2.目標要大膽而詳細

汽車大王亨利‧福特生動地描述過關於他要普及汽車的大膽而詳細的目標，他說：「我要為世界上所有的人製造一種汽車，它售價便宜，只要是有正當工作的人都買得起，可以和家人一起享受在大地上飛奔的美好時光。當我的心願完成時，每個人都買得起汽車，每個人也都會有輛車，馬匹會從馬路上消失，汽車會成為理所當然。除此之外，我們還會以豐厚的薪酬為許多人提供就業機會。」

這是一個美麗動人而又富有感召力的情景描述，正是在這樣大膽而詳細的目標指引下，亨利‧福特終於建起了他的汽車王國，並開創了屬於他的汽車時代。

大膽而詳細的目標，是激勵進步的有效方法。所謂大膽，就是要令人振奮，超乎想像；所謂詳細，就是要科學合理，清晰可見。感性與理性有機結合，激勵與約束互相配合，這樣就能使目標明晰而具有驅動力，能集中個人的能量，並激發戰鬥精神。

計劃只有大膽才能長效久行，只有詳細才能激發活力。用大膽的目標產生動力，用詳細的目標形成助推力，一個成功者的事業規劃必然是大膽與詳細的完美契合。

3.目標要遠大而合理

所有談論成功的書籍都在告訴我們：「每一個成功者都有一個偉大的夢想。」而在我們普通人的理解中，夢想一偉大，就容易流於空洞、泛泛。究竟怎樣的目標才算遠大而又實際呢？

夢想一定要遠大，但是設定的目標一定要合理。遠大就是不要把精力投入到瑣碎之事上，因其空耗時間而卻無所成效。必須讓自己的能力空間張大，給才華以施展的餘地，從而讓時間產生

明確而深遠的價值。合理就是順應大方向、大潮流、大趨勢，合乎邏輯、規律、變化。目標合理，才能行之有效、一往無前。

4.目標要切實而可行

一位女生報考師範學院外語專業，筆試成績不理想，很有可能落選，剩下的一絲希望就是看她在面試時表現如何。

負責入學面試的老師通常要問考生一個相同的問題:「你爲什麼選擇教師這個職業？」大多數的考生都千篇一律地回答:「教師是人類靈魂的工程師，教師是崇高而光榮的職業。」

當主考官循例對這個女生進行提問時，女生不假思索地回答:「讀小學時，我人生的目標是當一位偉人；讀中學時，我覺得自己缺乏成爲偉人的天賦，於是我將人生的目標定位在做偉人的妻子上，但現在我覺得做偉人的妻子機會太渺茫，所以我對自己人生的目標做了調整，決心做偉人的老師。」

聽了女生這番話，主考官滿意地點了點頭。這位女生由此順利通過面試，被破格錄取了。

人應該務實一點！當我們建立了明確的理想和決心要達到的目標時，還有一個需要注意的問題,那就是這個目標切實可行嗎？

不肯實際地掂量自己的能力，總對自己要求過高，總想做到最好，有時是不現實的。所以，確立目標時，認清現實環境是非常重要的。

爲了使制訂的目標切實而可行，我們需要注意：

· 應用明確的詞句對目標加以闡述；

· 泛泛的目標能合理地延伸爲明確的短期目標；

· 具備計算是否能達到目標以及能達到何等程度的能力；

· 目標應該對於你有實際意義，而且與你的價值和長期目標

協調一致；

- 給每個雖然略有難度但並非不可能實現的目標訂立一個完成的期限；
- 分析你所有目標中隱含的能力目標，這樣你才能知道自己應該加強什麼；
- 時刻關注自身及週圍環境，這樣你的目標才算實際；
- 辨別不同目標的重要性，衡量後制訂優先順序；
- 要簡單，太複雜的目標設置會讓你無所適從。

5. 目標要具有挑戰性

一個真正的目標必定充滿挑戰性，正因為它具有挑戰性，又是由你自己所選擇的，所以你一定會積極地想方設法去完成。

在達到目標的過程中，給我們最多激勵的是一步一步逐漸接近並達到目標的成就感。如果我們在同一階段需要照顧多個目標，那麼勢必會造成大多數目標都進展緩慢，最終結果就是因為缺乏有效的激勵，在忙碌中逐漸遺忘了其中一些目標。

當一個人擁有做事要有「明確的主要目標」的意識後，會培養出一種迅速做決定的習慣，而這種習慣將幫助他把全部的注意力集中在某一項工作上，這對提高工作效率很有幫助。有些人在事業上依靠敏銳的判斷力來選擇自己的主要目標，並義無反顧地投入到這個目標。為此，他們不惜放棄另外的很多目標和機會。相反，那些同時有著很多目標，精力分散的人會很快耗盡他們的精力，隨之而來的就是雄心壯志的消失。

在我們設定人生目標的時候何嘗不是如此呢？一個人的一生有著許許多多的理想，但隨著年齡的日益增長、閱歷的豐富，我們不得不對理想做出調整。在孩童時代，可能許多人都曾有過當

文學家或科學家的理想，但當長大以後，又有幾人能實現這些理想呢？恐怕大多數人都沒有。原因很簡單，這些人生目標不是太高了，就是太遠了，對於普通人來說，它們實現的可能性太小了。

在制訂個人的人生目標時，我們總想著什麼才是最有價值的，卻很少考慮什麼樣的目標才是最有可能實現的、最適合我們的。於是，我們常常為自己制訂一些有價值但卻無法實現的目標，雖然為了目標的實現，我們付出了很多的汗水和心血，卻並未得到相當的回報，這豈不是太讓人沮喪了嗎？如此反覆幾次，我們就會懷疑自己的能力，甚至對自己喪失信心。如果選擇的目標對自己來說，不管如何奮發圖強，最終的結果都必然是失敗，那麼，這個目標對我們來說又有什麼意義呢？

因此，在為自己設定目標時，一定要選擇那些最有可能實現的目標。

5 缺乏可行性計劃，就等於沒有目標

計劃是成功的保障。成功需要計劃，需要安排，還需要一定的程序。做事的程序通常是志願、意圖、計劃、行動、力量、效果。可以說，計劃是行動之父，行動是成功（效果）之母。

一個人有一生的計劃，一年的計劃，一日的計劃；一件事又有一件事的計劃，然後按計劃行事，按時計功，自然有所成就。

做事不易成功的人多半都沒有計劃，所以有人說：「沒有計

劃，就是正在計劃失敗。」你是否也正在計劃失敗呢？當然，沒有人願意計劃失敗，但是，你可能犯了這樣的錯誤──沒有計劃。

在明確工作目標的基礎上，必須把自己的工作任務清楚地寫下來，然後落實成具體的工作計劃。這樣才能更好地進行自我管理，使得工作更加條理化。

成功人士都善於規劃自己的人生，他們都知道自己要達到那些目標，排列好優先順序，並且擬訂一個詳細計劃。爲什麼要擬訂詳細計劃呢？因爲百密一疏的計劃是沒有用的。你可能不會被大象踩死，但你可能會被蚊子叮到。蚊子就是你疏忽的地方，你的計劃一定要詳細，要把所有要做的事都列下來，並按照優先順序排列，依照優先順序來做。

具體的工作計劃就是指不論你要完成一項什麼樣的工作，都應該把你在完成工作的過程中，從頭到尾所需要進行的每一個步驟都寫下來，然後根據它們的輕重緩急來安排先後順序，再一步一步地遵照執行。你可以把這份計劃寫在一張紙上，或者輸入電腦，這樣方便你隨時看到，隨時提醒自己。這樣做不僅可以達到高效工作的目的，也可以使個人的能力得到很大的提高。

一個提高工作效率的重要法則──10/90 法則，再次強調了計劃的重要性，10/90 法則是指，如果你在工作前花 10%的時間用於制訂計劃，在工作過程中將節約 90%的時間。

那麼可以想像，如果你能精心計劃每一天的工作，就會發現每天的工作都會進行得十分順利，十分高效，你在人生和事業上也會遠比以前得心應手。並且，你會對自己充滿信心，變得更有力量，最終你會變得勢不可當。

總的來說，工作的有效性更多地體現在對時間的支配上，而

時間的有效利用需要有一個清晰的工作計劃來實現。

　　美國第 32 任總統羅斯福一直被視爲美國歷史上最偉大的總統之一，是 20 世紀美國最受民眾愛戴的總統，也是美國歷史上唯一連任 4 屆總統的人，任期長達 12 年。他就是一個注重計劃的人。

　　羅斯福先生 1921 年就因患脊髓灰質炎（俗稱小兒麻痹）致殘疾，生活和工作都有很多不便。在 1928 年任紐約州州長，1932～1944 年任美國總統期間，他每天都有大量而又繁重的工作要做。如此繁雜的工作，有時候一個身體健康的人都可能力有不逮，他是怎麼完成的呢？原來，羅斯福爲了能更加高效地工作，和他的團隊一起制訂了一個非常詳細的工作表，時間具體到分鐘。這個工作表明確地把他所要做的事都記下來，規定他在某段時間內做某事。

　　通過他的辦公日程表可以看出，從上午 9 點鐘與夫人在白宮草坪上散步起，到晚上招待客人吃飯爲止，整整一天他總是有事要做的，所有的工作都在按照計劃表非常詳細、有條不紊地進行。每當一項新工作來臨時，他便先計劃需要多少時間，然後安排在他的工作表裏。因爲能夠把重要的事很早地安排在他的辦事程序表裏，所以他才能把許多事在預定的時間之內做完。當該休息的時候，因爲該做的事都已經做完了，所以他能放心地去休息。

　　詳細計劃自己的工作，這是羅斯福辦事有效率的秘訣。

　　我們如果想高效率地完成工作任務和目標，就應該養成像羅斯福那樣事先多制訂計劃的好習慣。在人生當中，你沒有辦法做所有的事情，但是你永遠有辦法去做對你最重要的事情，計劃就是一個排列優先順序的辦法。當你把優先順序排定之後，還要徹底執行，保證成功，不達目的絕不甘休。

許多作家創作作品的時候，都會先規定自己每一天需要撰寫多少字數，需要搜集多少資訊，需要查閱多少資料，需要真正具體完成的字數是多少，把它詳細地記錄下來，每天固定的時間一到就照著計劃進行。

你應該知道，有的時候沒有辦法 100%按照計劃進行。但是，有了計劃就可以提供給你做事的優先順序，讓你可以在固定的時間內，完成你需要做的事情。

6 你的計劃越合理，就越可能成功

◎合理安排，把握制訂計劃的 6 大要素

制訂計劃的時候，應該在事前考慮好實現目標的每一個步驟，以及過程中需要考慮的每一個因素、需要注意的每一個環節，以免事後亡羊補牢。

1. 時間計劃要詳盡而實際

制訂計劃要量力而行，不要超過你的實際執行能力，而且內容一定要盡可能地詳細。

例如，如果你想學習日語，那麼你不妨制訂一個學習計劃，安排每天早上練習聽力，從 5：30 開始聽 1 個小時的日語錄音磁帶，每天晚上從 7：30 到 9：30 學習語法。

這樣一來，你每個星期都能逐漸地接近你的目標。

2.設定起始日期

如果你能強制自己按時完成工作任務，就等於讓你的時間實現了增值。在工作中，有些人會不自覺地寬容自己，「這些事情少做一點也無所謂」，「那些工作推遲一天也不要緊」。這些都是意志不堅定的表現，最後結局很可能使無限期的拖延最後變成「死賬」。

要知道，任何事都有期限，有時候往往就是由於設定期限的觀念不強而壞了大事。

做事沒有步驟，想到那兒做到那兒，過一天算一天，這樣只能虛度時光，再好的計劃也絕不會有所成就。如果你想得到一份新的工作，就應該給自己定下 30 天內必須找到新工作的期限，並且立即就開始行動：做好必要的調查，寄出個人簡歷，約定面試的時間，腳踏實地地邁向你的目標。

3.將計劃落實為每日的工作清單

把計劃落實為每日的工作清單，才能真正地實現制訂計劃的目的，才能更好地忙出成效。

把每月以及每週的計劃落實到你的每日清單上，然後按照重要程度依次排列，也是你每天應該做的事情。

這是一件很簡單的事情，例如說你需要積蓄 500 元錢，那麼在清單上寫明每天要存下 2 元的零用錢。8 個月後，你便可以達到積蓄 500 元的目標。同樣，每天拿出一點點時間來檢查你第二天的計劃，每個星期拿出一點點時間來檢查下個星期的計劃，至少提前一個星期把該計劃的事都計劃好。

4.平衡分配時間

在每個詳細的規劃中，都不要忘記了平衡分配時間的重要性。

時間規劃的內容應該包括工作、學習、娛樂、家人相聚、朋友相會以及精神領域的追求。這種時間安排不追求均衡而注重平衡，不能一刀切，要突出重點。

當然，每隔幾週，你也可以選擇一天不安排任何事情，也用不著規劃它。把這一天作為「後備時間」，可以用於去完成前面未完成的工作，也可以作為身心休息的調整日。

5. 追求效率與效果

效率和效果永遠是衡量工作好壞的標準，要想講求效率可不是件容易的事情。

(1)工作方式要快捷。完成一項工作的方式一般情況下會有多種，如果採取快捷的方式去工作，將會節省大量時間。如果一生都能採取快捷的方式，同樣的時間你可以比別人做更多的事情。

例如，讓你通知各個部門召開一個會議，你會一個個打電話通知，還是發郵件或發傳真？

顯然郵件的方式最快，發傳真和打電話差不多。

如果採取群發郵件，快是快，但是如果被通知人沒在電腦前，或者忘記查看郵箱怎麼辦？

如果打電話(指辦公室固定電話)的時候，接話人不在辦公室，你還需要再聯繫，有時需要打好幾個電話才能找到接話人，這樣還是沒達到快捷的目的。

如果發傳真呢？無論接話人在不在辦公室，他回到寫字臺時都會看到，可以節省再次打電話找人所浪費的時間。

高效工作的人總是善於動腦子，無論什麼樣的工作，他們都會去找更加快捷的方式，比別人更加快捷迅速地完成任務。

(2)只做自己該做的事。一個人的精力是有限的，所以做事前

首先要考慮自己的職責範圍，該你做的事要努力去做，不該你做的事就不要多管，除非有特別的原因。

(3)要善於激勵自我。為了達到工作目標，你可以事先給自己制訂一個獎懲措施。

例如，每完成一項工作任務，都為自己記上一筆，等到完成了若干項工作時，允許自己去遊玩一番，或者獎勵自己和同事、朋友、家人到飯店大吃一頓。

如果工作完成不了，你也必須受到懲罰。當然，懲罰的內容必須有益身心健康，如健身、爬山等。

(4)要懂得全力以赴衝刺。做事情全力以赴，任何困難都會迎刃而解。所以，善用時間的人在任何時候都在向時間的終點全力衝刺。你若決定幾點鐘之前做什麼，就要在這個時間到來之前毫不鬆懈地幹到最後。

6. 用責任約束自己

把目標當成責任，不要為自己的問題去埋怨別人，而應該設法解決這些問題，並且防止它們再度發生。有效地管理好自己的時間，並把它們用在最有意義的事情上。如果你從來沒有過屬於自己的時間，那麼停下來，不要再去埋怨或責怪外部因素，多在自己身上找找原因，問題可能就出在你自己的身上。

一個最有效率的工作者要想在工作上取得豐碩成果，不能只是盲目地去「奮鬥」、「拼搏」，必須先對自己的行動做一個週詳的計劃，而且要保證在每一次的行動之前都這樣做，這樣才能確保每一次行動的有效成果最後累積成為事業的成功。

◎積極運用計劃的 8 大技巧

(1)計劃要適度，貪多嚼不爛。不要什麼都想一次做完，只做那些你必須完成的事情。

(2)清楚自己可以得到什麼。你應該經常對你要實施的方案的回報價值加以思考。如果完成了一個方案後卻不能讓你有所收穫，那麼就沒有必要去做它，除非是非盡不可的職責。

(3)一次只做一件事。在預定的時間段裏你可能有好幾件事情需要做，但在特定連續的一段時間裏，你必須專心致力於其中最重要的那件事情上。例如說，一天用 1 個小時去做體育鍛鍊，或者一個星期裏每天用 1 個小時學習外語。

(4)謝絕來訪。如果你現在正在做一件需要你全身心投入的事情，你就應該謝絕任何人的來訪。在你全力以赴做某件事時，絕不要讓來訪者、電話以及其他的事干擾妨礙你。

(5)充滿創新精神。不要以「事情一直是這樣做的」為由而因循守舊、墨守成規、不思改變。應該尋求更為便利的捷徑，即便這些捷徑過去從未走過。這些捷徑包括使用新的設備儀器，採用新的思維方法等。

(6)不要吹毛求疵。要防止被細節所困擾，任何方案都要先去解決其中比較重要的部份，細節可以留到以後再來調整。

(7)追求最好的結果。應該先完成你已經開始著手做的事情，而不要先去做你難以完成的事情，遵循這個原則去處理你的方案，就能避免因為日積月累所造成的「未結束方案」帶來的痛苦。如果你堅決不去著手做那些你明明知道不會有結果的事，你就不

會掉進困境中。你要捨棄的不僅僅是「未結束方案」帶來的累贅，更重要的是了結了因為這些事老是沒有結果而造成的心理愧疚感。

(8)知道在什麼時間收手。如果你正在進行一項顯然沒有什麼意義的事情，那就應該立刻停下來以減少損失。假如你從來沒下過廚房做飯，那麼就用不著去給數百份菜單分類。如果你並不內行，那麼就用不著浪費時間為所有的工具去分門別類貼上標籤。如果你從事的是沒完沒了的研究，其結果是既無益於社會，也沒有一個人對此感興趣，可能最後連你自己都沒了興趣，那麼就放棄這種徒勞無功的研究。為那些沒有價值的方案疲於奔命，只能說明方案執行者是位不懂得時間價值的人。

有時，我們覺得手頭的工作雜亂無章，沒有頭緒，這就需要分清事情的輕重緩急，看清事物的本質。人與人之間的差異並不是只在於頭腦，而在於是否具有洞悉事情輕重緩急的能力上。

7 一百次心動不如一次行動

一個人不僅要有思考的能力，更要有積極行動的意識，這樣才能提高效率。行動起來，也許不一定會成功，但不行動，永遠不能成功。心動不如行動，一百次心動不如一次行動。

一個人的想法是很重要的，但是想法只有在被執行後才有價值，一個被付諸行動的普通想法，要比一打被你放著「改天再說」

或「等待好時機」的好想法來得更有價值。如果你有一個覺得真的很不錯的想法，那就應該行動起來，如果你不行動起來，那麼這個想法永遠只是想法。

有一個落魄的年輕人，每隔兩天就要到教堂祈禱，他的禱告詞每次幾乎相同。

第一次到教堂時，他跪在聖殿內，虔誠低語：「上帝啊，請念在我多年敬畏您的份兒上，讓我中一次彩票吧！阿門。」

幾天後，他垂頭喪氣地來到教堂，同樣跪下祈禱：「上帝啊，為何不讓我中彩票？我願意更謙卑地服從您。」

他就這樣，每隔幾天就到教堂來做著同樣的祈禱，如此週而復始。到了最後一次，他跪著祈禱：「我的上帝，為何您不聽我的禱告呢？讓我中彩吧，那怕就一次，我願意終身信奉您。」

這時，聖壇上突然發出一陣莊嚴的聲音：「我一直有聽到你的禱告，可是最起碼，你也該先去買一張彩票吧！」

行動也許只有 50%的成功機會，但要是不行動，那麼就根本沒有成功的機會。

在職場這個大舞臺上，想成就一番偉業的人多如過江之鯽，而結果往往是如願者不足一二，平庸者十之八九。這裏除了機遇、膽略、資金因素外，更重要的是大多數人一直處於思考、夢想、遲疑狀態，從而習慣性地推延行動。在猶豫中，錯過了良機，這樣一晃，可能就是一生。

世界上有很多人光說不做，總在猶豫；有不少人只做不說，總在耕耘。成功與收穫只會光顧那些有了成功的方法並且付諸行動的人。

美國海岸警衛隊的一名廚師從確立了他的目標開始，就時刻

記得行動才是第一位的。空餘時間，他代同事們寫情書，寫了一段時間以後，他覺得自己突然愛上了寫作。他給自己訂立了一個目標：用兩到三年的時間寫一本長篇小說。為了實現這個目標，他立刻行動起來。每天晚上，大家都去娛樂了，他卻躲在屋子裏不停地寫啊寫。這樣整整寫了 8 年以後，他終於第一次在雜誌上發表了自己的作品，可這只是一個小小的豆腐塊而已，稿酬也只不過是 100 美元。他沒有灰心，相反他卻從中看到了自己的潛能。

　　從美國海岸警衛隊退休以後，他仍然寫個不停。雖然稿費沒有多少，欠款卻越來越多了，有時候，他甚至沒有買一個麵包的錢。儘管如此，他仍然鍥而不捨地寫著。朋友們見他實在太貧窮了，就給他介紹了一份到政府部門工作的差事。可他卻拒絕了，他說：「我要當一個作家，我必須不停地寫作。」又經過了幾年的努力，他終於寫出了預想的那本書。為了這本書，他花費了整整12 年的時間，忍受了常人難以承受的艱難困苦。因為不停地寫，他的手指已經變形，他的視力也下降了許多。

　　然而，他成功了。小說出版後立刻引起了巨大轟動，僅在美國就發行了 160 萬冊精裝本和 370 萬冊平裝本。這部小說還被改編成電視連續劇，觀眾超過了 1.3 億，創電視收視率歷史最高紀錄。這位真正的作家獲得了普利策獎，收入一下子超過了 500 萬美元。

　　這位作家的名字叫哈裏，他的成名作就是我們今天經常讀到的《根》。哈裏說：「取得成功的唯一途徑就是『立刻行動』，努力工作，並且對自己的目標深信不疑。世上並沒有什麼神奇的魔法可以將你一舉推上成功之巔——你必須有理想和信心，遇到艱難險阻必須設法克服它。」

一旦你堅定了信念，就要在接下來的 24 小時裏趕緊行動起來。這會使你前行的車輪運轉起來，並創造你所需要的必要的動力。只要你行動了，你就會發現，成功也許並沒有你想像的那麼艱難，其實成功很簡單。

8 做事要講方法，才可事半功倍

◎瞎忙是大腦在偷懶，不講方法白做工

忙碌，有時只是大腦偷懶的一種形式，那是因為你懶得思考，懶得分辨自己的目標。

在辦公室裏，「瞎忙族」所關注的是全部事務，他用的是加法，盡可能把所有事情塞入有限的時間裏，但卻經常因為太忙，疲於奔命，懶得思考，最後放棄了成功的機會。這不是偷懶又是什麼呢？

越忙越沒工夫，越沒本事長就越忙，這是一個惡性循環。只有從這種惡性循環中擺脫出來，才能擺脫瞎忙的狀況，也就是先思考你想成為什麼，然後提出優先順序，善用減法，做關鍵的事情。其實就是用對的方法、在對的時間做對的事情。

現代人需要「第四代時間管理」，這種管理方法不只談事，還談人。你想成為什麼樣的人？你心裏想什麼，就會成為什麼。在大部份的時間裏，你會成為你所想像的你。征服畏懼、建立自信

的最切實的方法，就是去做重要的事，直到獲得成功的體驗。

知道不做什麼，比知道要做什麼更重要。每年年初，盡可能列出今年優先要做的重要事情。清單列出來後，自己再刪除最後的 1/4 或 1/3，不浪費一點時間，這樣才能專注在對的時間做對的事情，處理好最重要的事情。

整天不停地工作給人的印象是勤奮，可是如果盲目地工作，最後發現花了很多時間去完成一件本來沒有意義的事情，那便是最大的沒效率。這無論從因還是果上講，都和偷懶沒有什麼區別。

因此，不要偷懶，而要學會在採取行動之前，花一點時間去思考一下，並且在行進的過程中進行定期或者不定期的檢查，再按需要去調節或更改接下來的步驟，這樣的忙碌才是清醒的，其努力也能夠事半功倍。

不偷懶只是第一步，會用功才是關鍵。人生在世，無論做什麼都必須採用適當的方法。方法正確了，事情就會變得容易辦理；方法不正確，事情就會辦得一塌糊塗。

古代有許多涉及做事方法智慧的故事和成語典故，膾炙人口，流傳至今，如曹沖稱象、司馬光砸缸、刻舟求劍、揠苗助長、緣木求魚等。前兩者是稱頌故事主人公的聰明睿智，後三者則是嘲弄某些人的愚昧無知。

在工作中，有不少人由於沒有掌握高效的工作方法，或者被各種瑣事、雜事所糾纏，或者被看似急迫的事所蒙蔽，根本就不知道那些是最應該做的事，或者在一個難題面前停滯不前，不懂變通，結果筋疲力盡，心煩意亂，白白浪費了大好時光。

其實，我們工作的實質就是通過不同的方式，在一定的時間內解決問題、實現目標的過程。通常可以看到這樣的現象——兩

個員工做性質相同的工作，一個加班加點、身心疲憊仍然做得不好；而另一個則輕輕鬆鬆地完成任務並得到上司的賞識。在這個過程中，選擇好的方法至關重要。

要知道，在目標明確的前提下，只有在正確的方法指導下，才能以最少的時間、最少的資源解決問題，完成任務，得到結果。

每一個任務，每一件工作，都有其更合適、更高效的方法。而如何找到這個工作方法，無論你是一個職場新人，還是一個富有經驗的職場高手，都是一個需要認真對待的問題。

好的方法往往能讓你更加高效，在同事之中就容易脫穎而出，為你爭取到更大的發展機會。

一個絕妙的方法有時候可以成為機會大門的敲門磚，也可以成為你一生之中的轉捩點。

◎一旦接到任務，下手之前要先找方法

接到一個任務，也就是明確了工作目標。那麼，你接下來首先要做的，不是馬上就投入工作，而是一定要花一段時間做一個思考，針對這個任務去找一個好方法，看如何才能更好、更快地完成任務，達到目標。

1978 年 11 月，在洛杉磯市獲得奧運主辦權後的一個月，市議會就通過了一項不准動用公共基金辦奧運會的市憲章修正案。洛杉磯市政府只好把求援之手伸向美國政府，但美國政府對此也冷若冰霜，明確表示不能提供一分錢。

洛杉磯市已經走投無路，只好向國際奧會申請，要求允許讓民間私人出面主辦奧運會。於是，洛杉磯奧運會籌備組開始「物

色」一個能在行政當局不出一分錢的情況下辦好奧運會的人選，他們選中了彼得·尤伯羅斯。

這是奧運史上第一次由私人主辦奧運會，因此意味著要冒巨大的風險。前幾屆奧運會是城市主辦的，財政上的虧損誰也沒能逃過去。縱觀現代奧運會的歷史就能發現，舉辦奧運會是財政上的一場「災難」，誰主辦誰就得不惜「血本」，更何況尤伯羅斯是私人主辦奧運會。現實即使如此，但尤伯羅斯覺得這是對自己的一次重大挑戰，他欣然接受了籌委會的邀請。

尤伯羅斯是一個善動腦筋的人物。經過苦思冥想精心策劃，尤伯羅斯採取了以下方案。

(1)利用各競爭對手的競爭心理，提高贊助商的准入門檻。他規定本屆奧運會正式贊助單位不超過 30 家，每一個行業選擇一家，每家至少贊助 400 萬美元，贊助者可取得本屆奧運會某項商品的專賣權。這樣一來，各大公司就只好拼命抬高贊助額的報價。

結果，企業贊助共計 3.85 億美元，而 1980 年的莫斯科奧運會的 381 家贊助廠商總共贊助僅 900 萬美元。

(2)把運動會實況電視轉播權作為專利拍賣。最初，工作人員提出的最高拍賣價是 1.52 億美元，遭到他的否定。他親自出馬先研究了前兩屆奧運會電視轉播的價格，又弄清楚了美國電視臺各種廣告的價格，最終提出 2.5 億美元的價格。尤伯羅斯還以 7000 萬美元的價格把奧運會的廣播轉播權分別賣給了美國、澳大利亞等國，從此以後，廣播電臺免費轉播體育比賽的慣例被打破了。結果僅此一項，尤伯羅斯就籌集到了 2.8 億美元。

(3)拍賣火炬接力跑權利。尤伯羅斯發現參加奧運會火炬接力跑是很多人夢寐以求、引以為榮的事情，於是他提出了一個公開

拍賣參加火炬接力跑權利的辦法，即凡是參加美國境內奧運火炬接力跑的人，每跑一英里(約 1.6 公里)須交納 3000 美元。此語一出，世界輿論譁然，儘管尤伯羅斯的這個做法引起了非議，但他依然我行我素，最後大筆的款項還是收上來了，這一活動籌集到了 3000 萬美元。

(4)設立「贊助人計劃票」。凡願贊助 2.5 萬美元者，可保證奧運會期間每天獲得最佳看臺座位兩個；每家廠商必須贊助 50 萬美元，才能到奧運會做生意。結果有 50 家廠商，從雜貨店到廢物處理公司，都出來贊助。

(5)組委會還發行各種紀念品、吉祥物，高價出售。雖然奧運會的大多數項目的開支不能減少，但有不少項目可以採取變通的辦法，這樣就會節省一大筆開支。

隨著奧運會的日益臨近，整個洛杉磯已呈現出濃郁的氣氛。整個奧運會期間，觀眾十分踴躍，場面熱烈，門票銷路大暢。田徑比賽時，9 萬人的體育場天天爆滿，以前在美國屬於冷門的足球比賽，觀眾總人數竟然超過了田徑，就連曲棍球比賽也是場場座無虛席。美國著名運動員路易斯一人獨得 4 枚金牌，有他參加的各種場次的比賽門票更是被搶購一空。多傑爾體育場的棒球表演賽，觀眾比平時多出 1 倍。同時，幾乎全世界都收看了奧運會的電視轉播，令人眼花繚亂的閉幕式至今還留在人們記憶中。在奧運會結束的記者招待會上，尤伯羅斯宣稱，本屆奧運會將有贏利，數目大約是 1500 萬美元左右。一個月後的詳細數字表明本屆奧運會贏利 2.5 億美元。尤伯羅斯把一向虧損巨大的奧運會賣出了天價，使奧運會從此身價百倍，洛杉磯奧運會以其財政上前所未有的成功為後來的奧運會樹立了榜樣。

洛克菲勒曾經一再告誡他的員工:「請你們不要忘了思索,就像不要忘了吃飯一樣。」也就是說,只要你不放棄,肯動腦,解決問題的方法總是有的,而這些方法一定會讓你有所收益。

◎不找藉口找方法,辦法總比問題多

曾經進行過這樣一份問卷調查:「什麼樣的員工是你們最喜歡的員工?那一種員工是你們最不願意接受的員工?」

對於第一個問題,給出的答案是,沒安排工作卻能主動找事做的員工,通過方法提升業績的員工,從不抱怨的員工,執行力強的員工,能為公司提建設性意見的員工。對於第二個問題,給出的答案是,做事不努力而找藉口的員工,損公肥私的員工,過於斤斤計較的員工,華而不實的員工,受不得委屈的員工。

這兩個答案證實了這樣一個結論:凡事找藉口的員工,是公司裏最不受歡迎的員工;凡事主動找方法的員工,是公司裏最受歡迎的員工。

生活中,當一個人沒有信心或不願意去做一件事情,或沒能盡心去完成好一件事情的時候,常常會找出許多理由、藉口來推託。其實,每一個藉口都是自欺欺人的。在某些時候以及某種程度上,這些藉口看起來只是拿來應付別人、推諉別人而已,可認真想想其實是自己拿來當做原諒自己、推卸自己應負的責任和應盡的義務的理由。在你每找一個藉口的同時,你也在不經意間失去了一次機會。

告訴自己不找藉口,實際上是自己向自己挑戰,是為自己尋找走向成功的階梯。

在聞名世界的美國西點軍校裏，學員們在回答長官的問話時只能回答 4 句話，即「是，長官」，「不是，長官」，「不知道，長官」，「沒有任何藉口，長官。」「沒有任何藉口」的行爲準則在 200 多年來使無數的西點軍校的畢業生在各自的人生和事業上取得了非凡的業績，尤其在軍事方面，無數的經典戰例都出自西點學子的指揮。

美國職業籃球明星傑森‧吉德在談到自己成功的秘訣時說：「小時候，父母常常帶我去打保齡球，我打得不好，每一次總是找藉口解釋由於這樣或那樣的原因使自己打不好，而不是誠心地去找沒打好的原因。父親就對我說：『小子，別再找藉口了，這不是理由，你保齡球打得不好是因為你不練習。如果不努力練習，以後有再多的藉口你仍打不好。』他的話使我清醒了，現在我一發現自己的缺點便努力改正，決不找藉口搪塞，這才是對自己有益的。」達拉斯小牛隊每次練完球，人們總會看到有個球員仍留下來在球場內苦練不輟，一再練習投籃，那就是傑森‧吉德，因為他是一個不為自己尋找理由的人。

某報有一篇人物專訪報導，一位名氣頗大的律師鋼琴彈得頗具專業水準，接受採訪時記者問他：「業務如此繁忙，你是如何抽空練習音樂的？」他笑笑答道：「要是喜歡，總有時間。」

每一個成功者都是那些清楚地知道自己需要什麼的人，他們懂得如何去尋找，而不是整天爲自己找理由開脫。不爲自己找藉口，那怕是看似合理的藉口，只有這樣我們才能強化完成任何一項工作的理念，最終獲得成功。

「不要爲自己尋找理由」，這看似簡單的一句話，卻是打開成功之門最好的鑰匙。

◎要想辦法才會有辦法

「實在是沒辦法！一點辦法也沒有！」這樣的話，你是否熟悉？你的身邊是否經常有這樣的聲音？當你向別人提出某種要求時，得到這樣的回答，你是不是會覺得很失望？當你的上級給你下達某個任務，或者你的同事、顧客向你提出某個要求時，你是否也會這樣回答？當你這樣回答時，你是否能夠同時體會到別人對你的失望之情？

一句「沒辦法」，我們似乎為自己找到了不做事的理由。但也正是一句「沒辦法」，澆滅了很多創造之火花，阻礙了我們前進的步伐！是真的沒辦法嗎？還是我們根本沒有好好動腦筋想辦法？辦法是想出來的，不動腦永遠不會有辦法。有一個故事：

爹對兒子說，我想給你找個媳婦。

兒子說，可我願意自己找！

爹說，但這個女孩子是比爾·蓋茨的女兒！

兒子說，要是這樣，可以。

然後他爹找到比爾·蓋茨，說，我給你女兒找了一個老公。

比爾·蓋茨說，不行，我女兒還小！

爹說，可是這個小夥子是世界銀行的副總裁！

比爾·蓋茨說，啊，這樣，行！

最後，爹找到世界銀行的總裁，說，我給你推薦一個副總裁！

總裁說，可是我有太多副總裁了，不需要了！

爹說，可是這個小夥子是比爾·蓋茨的女婿！

總裁說，這樣，行！

這個笑話，流傳甚廣，原因就是其中方法的絕妙。在困難面前，我們要有信心，好的工作方法一定能找到。

也許我們會遇到一些難題，一時很難找到巧妙的解決辦法，但是我們要堅信，成功的方法是一定存在的。

當我們遇到困難挫折時，可以將問題暫時放下，但是決不能夠放棄，因為在未來我們一定可以找到解決的辦法。只有找到了這個方法，並有效地去執行，才能使工作實現真正意義上的高效。

主動找方法的人永遠是職場的明星，他們在公司裏創造著主要的效益，是今日公司最器重的員工，是明日公司領袖。

只要想辦法就一定有辦法。我相信，更好的方法很大程度上來自於一個好的心態，想辦法是想到辦法的前提。如果讓腦袋放假，就算是天才，面對問題時也會一籌莫展，所以辦法是在想的過程中產生的，它不會憑空而出。

許多人抱怨自己做不好事情，原因可能就在於他們缺少好的方法。人的智力的提高是一個逐步的過程。只要你能夠戰勝對艱難的畏懼，並下決心去努力，你就能越來越多地找到解決問題的方法，並越來越智力超群！

◎要在工作中尋找方法和規律

一個小小的改變，往往會引起意料不到的效果。也許一個新的創見，就能讓我們從中獲得不少啟示，從而改進業績，改善生活。不同的工作需要不同的方法，不同條件下的工作方法也會有所差別，但如果我們細心觀察，善於總結，會發現尋找工作方法是有規律可循的。

1.要找到一種好方法，思維的轉換非常重要

要在實際工作中注重培養正確的思維方式，不斷地尋找各種正確方法。我們不能僅僅從一個角度去分析問題，那樣只會把問題看死，思路也會走進死胡同。有時候我們需要運用逆向思維，可以把問題轉換一個角度來思考。

2.尋找好方法，要養成整體思考的習慣

尋找好方法，眼界一定要開闊，要能從方方面面去思考解決問題的方法。要常常問自己，我是不是只能這樣看、這樣想？還有沒有其他的方式？不要覺得自己只有一兩條路可走，你一定還有能力去發掘第三條路，而成功往往就蘊涵在這第三條路中。

3.要找到好方法，還必須善於學習

你應當掌握一些基本的知識，例如系統知識、邏輯知識、統籌方法等。不要看輕這些知識積累，它們往往能在關鍵時刻發揮重要作用。好方法的靈感來自於往日的知識積累，它從來不會憑空產生。你還可以從以前類似事件的成功處理方法中汲取經驗，也可以把你知道的所有好方法都加以嘗試。你必須要精細地分析比較，大膽地嘗試探索，並最終選定一種方法。

4.一旦有新的想法，就大膽地去嘗試

如果你有什麼新穎的想法，一定要勇於去實踐它，不管它看起來多麼不切實際。不把方法運用到實踐中去，你永遠都不知道這個方法是有效還是無效的。

也許在實踐中你會發現這個方法的效果並不是那麼理想，但也許你再把它改善提高一下，它就是一個絕好的方法。

找到了方法，並有效地去執行，才能實現真正意義上的高效工作。

9 隨時充電，莫讓知識短路

在職場中，很多人會遭遇一種「職業停滯期」。例如，有些人因為自身沒有很好的職業規劃，對接受新知識的態度也不是很積極，結果導致自己的工作能力跟不上新員工，眼看著身邊的新員工一個個加薪、晉職，他們陷入一種深深的「本領恐慌」中。然而，面對自己職業上的停滯，他們更多的是埋怨企業沒能給他們職位提升的空間。要度過這種職業停滯期，就要學會「自我革命」。一個敬業愛崗的員工，懂得這樣一個道理：只有不斷學習，不斷地突破自我，才能夠不斷成長，才能更好地服務於自己的公司。

美國國家研究委員會的一項調查發現，半數以上的工作技能在 5 年內就會因為跟不上時代的發展而變得無用，而以前這種技能折舊的期限則長達 7 年到 14 年。現在職業的半衰期也越來越短，一個白領若不學習，不出 5 年就會落後於時代。據統計，25 週歲以下的從業人員，職業更新週期是人均一年零 4 個月。當 10 個人中只有 1 個人擁有某種職業的初級證書時，他的優勢是明顯的；當 10 個人中已有 9 個人擁有同一種證書時，優勢便不復存在。

面對職場的潛在危機和本領恐慌，除了學習，除了自我突破，沒有別的途徑。

紐約市戴爾·卡耐基學院有一位學員名叫埃德·格林，他是一位十分傑出的推銷員，他的年收入超過 50 萬美元。他回憶說：

「當我還是一個小男孩的時候，有一次爸爸帶我參觀了我們家的菜園。參觀完之後，爸爸問我從中學到了什麼，我回答說:『爸爸，你顯然在這個園子裏很下了一番工夫。』對這個回答爸爸有些沉不住氣了，他對我說:『兒子，我希望你能夠觀察到當這些蔬菜還綠著時，它們還在生長；而一旦它們成熟了，就會開始腐爛。』我一直沒有忘記這件事。我來上這門課是因為我認為自己能從中學到些什麼。坦白地說，我確實從其中一節課中學會了一些東西，那使我完成了一筆生意並得到了上萬美元。這筆錢能夠付清我這一生接受促銷培訓的所有花費。」

在人生的這場遊戲中，應當保持生活的熱情和學習的熱情，不斷吸取能夠使自己繼續成長的東西來充實大腦。彼得‧紮克這樣闡述這個觀點:「知識需要提高和挑戰才能不斷增長，否則它將會消亡。」

希爾曾經聘用了一位年輕的小姐當助手，替他拆閱、分類及回覆他的大部份私人信件。當時，她的工作是聽拿破崙‧希爾口述，她做記錄。她的薪水和其他從事相類似工作的人大約相同。有一天，拿破崙‧希爾口述了下面這句格言，並要求她用打字機把它打下來:「記住: 你唯一的限制就是你自己腦海中所設立的那個限制。」

當她把打好的紙張送給拿破崙‧希爾時，她說:「你的格言使我獲得了一個想法，對你、我都很有價值。」

這件事並未在拿破崙‧希爾腦中留下特別深刻的印象，但從那天起，拿破崙‧希爾可以看得出來，這件事在她腦中留下了極為深刻的印象。她開始在用完晚餐後回到辦公室來，並且從事不是她分內而且也沒有報酬的工作。她開始把寫好的回信送到拿破

崙‧希爾的辦公桌上。

她已經研究過拿破崙‧希爾的風格，因此，這些信回覆得跟拿破崙‧希爾自己寫的完全一致，有時甚至更好。她一直保持著這個習慣，直到拿破崙‧希爾的私人秘書辭職為止。當拿破崙‧希爾開始找人來補這位秘書的空缺時，他很自然地想到這位小姐。但在拿破崙‧希爾還未正式給她這個職位之前，她已經主動地接受了這個職位。由於她在下班之後，以及沒有支領加班費的情況下，對自己加以訓練，終於使自己有資格出任拿破崙‧希爾屬下人員中最好的一個職位。

故事並未到此為止。這位年輕小姐的辦事效率太高了，因此引起其他人的注意，開始提供更好的職位給她。拿破崙‧希爾已經多次提高她的薪水，她的薪水現在已是她當初當一名普通速記員薪水的 4 倍。對這件事拿破崙‧希爾也十分吃驚，因為她使自己變得對拿破崙‧希爾極為重要，因此，拿破崙‧希爾不能失去她做自己的幫手。

這就是進取心。正是這位年輕小姐的進取心，使她脫穎而出，名利雙收。

當你保持了學習的熱情之後，你就會逐漸品嘗到生活給予你的甜蜜回報了。

心得欄 _____

_____

_____

_____

10 手腳勤不如頭腦勤

平庸的人之所以平庸，低效的人之所以低效，往往並不是因爲他們懶得動手腳，而是因爲他們不愛動腦筋，這種習慣制約了他們的發展。相反，那些成大事的、高效率的成功者無一不具有善於思考的特點，這樣的人總是善於發現問題、解決問題，不讓問題成爲人生難題。可以說，任何一個有意義的構想和計劃都是在深思熟慮之後才得出的。一個不善於思考、辦事效率低下的人，一遇到事情就會舉棋不定，手足無措；相反，一個高效率的成功者，無論情況怎樣錯綜複雜，他們總是能夠抽絲剝繭，運籌帷幄，最後做出正確的決策。

著名作家托爾斯泰說過：「成功一定有方法，失敗一定有原因！」做事也一樣，如果結果不理想，只有兩種可能：一種是態度不端正，另一種是方法不正確。所以在做事的時候，先要找到問題的根源，然後再逐步進行糾正。有好的態度並不一定就能取得好的成績，最關鍵的還是要找到適合自己的好方法，而方法只能靠自己去尋找。

在一次上時間管理課時，教授在桌子上放了一個能裝水的罐子，然後又從桌子下面拿出一些正好可以從罐口放進罐子裏的鵝卵石。

當教授把石塊放完後問他的學生：「你們說這罐子是不是滿

的？」

「是！」所有的學生異口同聲地回答。

「真的嗎？」教授笑著問。然後又從桌底下拿出一袋碎石子，把碎石子從罐口倒下去，搖一搖又加了一些，直至裝不進了為止。他再問學生：「你們說，這罐子現在是不是滿的？」

這次他的學生不敢回答得太快。最後班上有位學生小聲回答道：「也許沒滿。」

「很好！」教授說完後，又從桌下拿出一袋沙子，慢慢地倒進罐子裏。倒完後再問班上的學生：「現在你們再告訴我，這個罐子是滿的呢？還是沒滿？」

「沒有滿。」全班同學這下學乖了，大家很有信心地回答。

「好極了！」教授再一次稱讚這些「孺子可教」的學生們。稱讚完後，教授從桌底下拿出一大瓶水，把水倒在看起來已經被鵝卵石、小碎石、沙子填滿了的罐子中。當這些事都做完之後，教授正色問班上的同學：「我們從上面這些事情中得到了那些重要的啟示？」

班上一陣沉默，一位聰明的學生回答說：「無論我們的工作多忙、行程排得多滿，如果要擠一下還是可以多做些事的。」

教授聽到這樣的回答點了點頭，微笑著說：「答得不錯，但這並不是我要告訴你們的重要信息。」說到這裏教授故意停住，用眼睛掃了全班同學一遍後說：「我想告訴各位的最重要的信息是，如果你不先將大的『鵝卵石』放進罐子裏去，也許你以後永遠都沒有機會再把它們放進去了。」

所以，做事只要方法對路，其結果才能達到完美。

11 把注意力集中在核心問題上

　　沒能實現高效工作的原因可能有很多種，但其中一個重要的原因是缺乏洞悉事務輕重緩急的能力，做起事來毫無頭緒，完全被煩瑣的事務率著鼻子走，最後不僅最應該做的工作(最重要的事)沒有做好，工作表上另外的工作也做得毫無效率。

　　所謂核心競爭力，是指一個人或企業賴以生存和發展並戰勝競爭對手的能力，是他人難以模仿和複製的能力。它來自於特有資源、先進技術或獨特的技術組合。關注核心問題，最重要的一點就是關注核心競爭力，而提升核心競爭力對於處在激烈競爭時代的人們有著非同尋常的意義。

　　事實上，我們常犯梅花鹿那樣的錯誤，往往被事物的表面所蒙蔽，而忽略了那些對我們真正有價值的東西。無論是動物還是人類，總有一兩項能力是自己生存發展的關鍵，這種能力就是核心競爭力。

　　王君是一個利用時間的楷模。為了成為一名出色的建築師，他從來不浪費一秒鐘的時間，總是在拼命地工作。每天，他都把大量的時間用在設計和研究上。除此之外，他還負責了很多與設計研究無關的其他事務。他不放心任何人，所以每項工作他都要親自參與，時間長了，他自己也覺得很累。

　　其實，他的大部份時間都用在管理那些亂七八糟的事情上，

不但增加了自己的工作量，還影響到他業務能力的提高。一天，上司問他：「你天天那麼努力，怎麼不覺得有進步呢？」

他無奈地說：「事太多了，忙都忙不過來，影響了學習和研究。」

上司語重心長地對他說：「你只需要把注意力集中在核心問題上，大可不必那樣忙。」

「把注意力集中在核心問題上」這句話給了他很大的啟發。他明白了原來自己整天都在忙，注意力被嚴重分散，故而所做的真正有價值的事情並不多！這樣下去，不但對實現自己的目標沒有幫助，反而會限制自己的發展。

王君果斷地對自己的工作做了調整，把許多不需要自己動手便能完成的事情都交給助手，自己則把精力都集中在建築的設計上。不久，他就設計了幾件高水準的作品。

人的精力是有限的，但要處理的事情確是很多，因此必須把精力放在核心問題上。關注自己的核心競爭力，每天圍繞著核心問題努力，放棄與核心競爭力無關的事情。這樣就能促使我們高效利用時間，早日實現人生目標。

20 世紀 90 年代，寶潔公司陷入嚴重危機，日子很不好過。2000 年，雷富禮臨危受命，出任寶潔公司首席執行官。經過研究，雷富禮得出結論，認為寶潔公司在最近幾年之所以停滯不前甚至倒退，是因為沒有把精力放在核心品牌、核心技術以及業務比重大的主要國家。為了改變被動局面，他挑選了 10 個銷售額能達到 10 億美元以上的旺銷產品，將之作為主打品牌重點推廣。

這一大刀闊斧的改革，使寶潔公司把所有的注意力都集中在核心品牌上，因此，這些主打品牌的銷售額迅速上升。在此後的 27 個月內，寶潔公司的利潤實現了兩位數的增長，雷富禮成功地

使這家老公司再次煥發青春。

由此可見，注意力集中在核心問題上，關注核心競爭力，不僅能使個人快速實現目標，對一個企業來說，也同樣如此。

12 找到將事情變簡單的訣竅

◎劃分工作層次，分清輕重緩急

看一個人是否有工作頭腦，關鍵看他處理事務時能否分清輕重緩急。智慧之道，就在於明白何事可以略過不論。

「事有先後，用有緩急」，工作也是如此，要成為一名優秀的工作者的前提是安排工作時能分清事情的輕重緩急，這樣不但做起事來井井有條，完成後的效果也是不同凡響。次序處理好了，不但能夠節約辦公時間，提高辦公效率，而且最重要的是能給自己減少許多麻煩。

決定好做事情的輕重緩急，是為自己找到更多時間去完成最為緊要的工作的最為有效的第一步。也就是說，如果你把為自己尋找更多的時間視為第一需要，而嚴格按照計劃優先去做最緊要的事，那你就能找到更多的時間。這是非常簡單的道理。

在美國總統中，卡特被認為是「最繁忙」的總統。他為什麼那麼忙？因為他事無巨細，渴望掌握所有問題的第一手資料。這使他湮沒於細節中，而忽略了對整體的把握。

那麼，他忙出政績了嗎？當然有一些，但肯定不突出，他被美國公眾看做一個成效不彰的總統。在他下臺的時候，他的支持率只有 22%，是第二次世界大戰以來，包括尼克森總統在內所有總統中支持率最低的一位。作爲一國總統，應該分清輕重和主次，不能什麼都抓在手裏。

「用於事業的時間，絕對不能損失。」愛默生這樣告誡我們。而要做到這一點，必須把握住做事的重要原則——要事第一。

要做到要事第一，必須明確目標，圍繞目標做事；分清事情的輕重緩急，確立要事第一的理念；按事情的重要程度和緊急程度確定做事的次序；把別人能做的、無關緊要的事交出去。

要做到要事第一，關鍵是能識別那些事才是要事。而判斷一件事情重要與否，管理專家給我們提供了以下幾個標準，我們不妨拿它作爲尺規。

第一，是否非做不可；

第二，能否給自己最高回報；

第三，能否給自己最大滿足。

依據這幾條標準，又可以把事情分爲 4 類：第一類，很重要很緊急的事；第二類，很重要但不緊急的事；第三類，很緊急但不重要的事；第四類，不重要不緊急的事。這 4 類事情列出以後，想必大家都明白做事的先後次序及時間安排了。道理很簡單，照以下的準則做事，就可以符合高效辦事的原則。

1.重要且緊急

這些是必須立刻或在近期內要做好的工作。因此它們的緊急和重要性，要比其他任一類事都優先。如果拖延是造成緊急的因素，那現在絕對已經不能再拖延了。

2. 重要但不緊急

這類工作可分辨出一個人辦事有沒有效率。生活中，大多數所謂重要的事情都不是緊急的，可以現在或稍後再做。在很多情形之下似乎可以一直拖延下去；而在太多的情形下，我們確實這樣拖延著。這些都是我們「永遠沒有著手」的事情。

這些工作都有一個共同點，儘管它們具有重要性，可以影響到你的健康、財富和家庭的福利，但是如果你不採取初步行動，它們可以無限期地拖延下去。如果這些事情沒有涉及別人的優先工作，或規定期限而使它們成為「緊急」，你就永遠不會把它們列入你自己優先要辦的工作。

3. 緊急但不重要

表面上看起來需要立刻採取行動的事情，但是如果客觀地來檢視，我們就會把它們列入到次優先順序裏面去。

例如，某一個人要求你主持一項籌集資金的活動、發表演講或參加一項會議，你或許會認為每一個都是次優先的事情，但是有一個人站在你面前，等著你回答，你就接受了他的請求，因為你想不出一個婉拒的辦法。然後因為這件事情本身有期限，必須馬上去做，於是第二類的優先事情就只好向後移了。

4. 不緊急也不重要

很多工作只有一點價值，既不緊急也不重要，而我們常常在做更重要的事情之前先做它們，因為它們會分散我們的精力——它們提供一種有事做和有成就的感覺，也使我們有藉口把更有益處的工作向後拖延。如果發現時間經常被小事情佔去了，你就要試一下學會克服拖延。

建議每個人都能制訂一份自己在一段時間裏詳盡的工作計

劃，並在每天結束前精確地安排明天的工作，同時還要制訂一份科學的休息時間表，從而保證自己的一生始終能精力充沛地從事最有意義的工作。大多數的人是無法制訂正確的做事次序的，所以他們會花很多時間去「救火」，直到期限臨頭才手忙腳亂。所以說，處理事務分不清輕重緩急是對工作的不負責任。進一步說，它是工作的隱形殺手，它常常把辛勤成果弄得亂七八糟，它如同包裹在美麗蝴蝶身上的那一層難看的蛹衣，會掩蓋住你的一些出色的工作能力。所以，分清工作的輕重緩急，養成良好的工作習慣，就能幫助你輕鬆應對每一項工作，使你成為一名名副其實的最有效率的工作者。

◎優先原則，先做最重要的事情

事實上，每個人都希望追求完美，每個人都希望自己把工作幹好，把事情做好。可是，為什麼有的人做不好呢？並不是因為他的事情多，而是因為他沒有掌握做事的方法。

1.揀最重要的事先做，掌握做事的方法

有的人在做事的時候總是貪多，總想一下子做成幾件事，這種追求面面俱到的做法，很容易一事無成。

鑽頭為什麼能在短暫的時間裏鑽透厚厚的牆壁或者堅硬的岩層？物理學給我們解釋了其中的道理：同樣的力量集中於一點壓強就大，而分散在一個平面上，壓強就會減小無數倍。所以，攻其一點的謀略是解決問題的好辦法。

有一個年輕的部門經理，做事不太會權衡輕重。一天，公司的業務員拉來了一筆生意，可這位年輕的部門經理正忙著佈置辦

公室的各種擺設。他煞費苦心地想：打字機應該放在那裏？垃圾桶放在什麼地方更好？桌子怎麼擺放？他想先把手頭的事情做完再按部就班地處理這筆生意。結果，一個至關重要的機會就白白丟掉了。

美國鋼鐵公司的總裁查魯斯，原來也是一個不會捨棄，只知道追求面面俱到的人，做事情時常常半途而廢。他感到非常煩惱，便向效率研究專家請教解決此問題的辦法。給他的建議是這樣的:

(1)不要想把所有事情都做完；

(2)手邊的事情並不一定是最重要的事情；

(3)每天晚上寫出你明天必須做的事情，按照事情的重要性排列；

(4)第二天先做最重要的事情，不必去顧及其他事情。第一件事做完後，再做第二件，依此類推；

(5)到了晚上，如果你列出的事情沒有做完也沒關係，因為你已經把最重要的事情都做完了，剩下的事情明天再做。

「每天重覆這麼做，如果感覺效果超出你的想像，就可以指導手下照著做。在做到你認為滿意時，只要付給我一張你認為相等價值的支票即可。」

查魯斯試了一段時間後，效果非常驚人。於是，他要求下屬也跟著做。

2.捨棄細枝末節的小事，以提高效率，節約時間

每個生活在社會中的人，每天都有許多需要做的事情，如果追求十全十美，就有可能拘泥於小事而無暇顧及大事，結果本末倒置，所以，我們在做一件事的時候必須先弄清什麼事才是最重要的。做事一定要分清輕重緩急，敢於捨棄一些細枝末節的小事，

這是人們高效率做事的一個妙招。有所不爲才能有所爲，這是成功者們的共識。

按說，明白了這些道理，我們做事自然會按照輕重緩急去辦理，有條不紊，但事實並非如此。調查顯示，在工作中，人們總習慣於按下列這些準則決定事情的優先次序。

(1)先做自己喜歡做的事，然後去做不喜歡做的事；

(2)先做自己熟悉的事，然後去做不熟悉的事；

(3)先做比較容易做的事，然後去做較爲難做的事；

(4)先做短時間內就能做好的事，然後去做較長時間才能做好的事；

(5)先做資料齊備的事，再做資料不全的事；

(6)先做事先安排好的事，再做未經安排的事；

(7)先做計劃好的事，再做未經計劃的事；

(8)先做其他人的事，再做自己的事；

(9)先做緊急的事，再做不急的事；

(10)先做自己感興趣的事，再做枯燥乏味的事；

(11)先做容易速戰速決的事，再做繁難的事；

(12)先做自己所尊敬的人的事，再做自己所不尊敬的人的事；

(13)先做與自己有密切的利害關係的人的事，再做與自己沒有密切的利害關係的人的事；

(14)先做已經發生的事，再做尚未發生的事。

很顯然，上述各種準則與高效工作方法的要求大相徑庭。我們許多寶貴的工作時間，大多浪費在無關緊要的事情上了。要想高效做事、有所作爲，就必須拋棄舊有習慣，以高效原則指導自己的工作，掌控好自己的時間。

　　不同的行業、不同的工作崗位會有不同的工作重點，這就需要我們用上述的標準找出我們的「要事」，集中精力把這些要事辦好。在日常工作中，如果不先把最重要的事情做了，那些並不重要的瑣事就會佔據你的時間。

　　對於每天要做的事情，一定要做到心裏有數，知道輕重緩急，一定要抓住那些最重要的事情先做。在沒有做完最重要的事情之前，要敢於捨棄那些細枝末節的小事，這是提高效率、節約時間的一個妙招。

◎ 施行「二/八法則」，抓住關鍵重點

　　19 世紀末 20 世紀初義大利經濟學家、社會學家帕累托提出的帕累托法則的大意是：在任何特定群體中，重要的因數通常只佔少數，而不重要的因數則佔多數，因此只要能控制具有重要性的少數因數即能控制全局。這個法則經過多年的演化，已變成當今管理學界所熟知的「20/80 法則」——即 80%的效果是來自 20%的因數，其餘的 20%的效果則來自 80%的因數。例如，佔所有人口不到 20%的人，其所犯的罪佔所有犯罪案的 80%以上；佔全公司人數不到 20%的業務員，其營業額爲營業總額的 80%以上；等等。因此，只需集中處理工作中比較重要的 20%的那部份，就可以解決剩餘的 80%。但是若不先從重要的事開始，結果會演變成什麼正事也沒做。打算事無巨細全部完成的完美主義者，往往到最後什麼也沒做好。

　　你只要能熟練應用這個「20/80 法則」，瑣事過多的煩惱就會消失。高效率的領導者要盡可能地先處理重要的事，而不必將所

有的事情一視同仁個個處理完全。即使剩下的事到後來出了什麼麻煩，也不會影響到全局。

有這樣一個典型例子，某部門主管因患心臟病，不能長時間工作，遵照醫生之囑咐每天只上班三四個小時。他很驚奇地發現，這三四個小時所做的事，在質與量方面與以往每天花費八九個小時所做的事幾乎沒有兩樣。他所能提供的唯一解釋便是，他的工作時間既然被迫縮短，他只好將有限的時間先用來解決重要的工作，這便是他得以維護工作效能與提高工作效率的關鍵。

哈佛商學院是如今美國最大、最有名望、最具權威的管理學院。它每年招收 750 名碩士研究生，在校學習期限爲 2 年；30 名博士研究生，在校學習期限爲 4 年；2000 名各類在職的經理。在教學中，教授們把「二八法則」作爲一種很有效的做事方法傳授給學生們。具體來講就是說：對於任何工作，如果按價值順序排列就會發現，總價值的 80%往往來源於 20%的項目。例如，80%的銷售額來自於 20%的銷售，80%的生產來自於 20%的生產線。如果把所有必須幹的工作分爲 10 項的話，按重要程度排列出來，只要把其中最爲重要的 2 項幹好，其餘的 8 項工作也就能比較順利地完成了。例如，穩定 2 位核心員工就能穩定一個 10 人的團隊。此外，在生活中我們會發現，80%的閱讀時間花在了你常看的 20%的書刊上，80%的洗衣時間花在了 20%常穿的衣服上……

這一原則對我們的工作和生活具有十分重要的指導意義。它告訴我們，做事時要拋開那些無足輕重的 80%的工作，把主要的時間和精力投入到最爲關鍵的 20%的工作中去，這會給我們帶來意想不到的收穫。所以，我們在做事情的時候，一定要以那 20%的少數關鍵爲主。

　　一位家境很富裕的女士總愛幫助別人，她總是答應為人們提供各種各樣的幫助，大到幫助國會議員解決問題，小到為鄰居的花園鋤草。過了一段時間之後，她開始感到自己並沒有從這些活動中得到相應的滿足感和成就感，反而覺得很累。她感到很苦惱，本來是想幫助更多的人，結果卻讓他人控制了自己的生活，甚至連自己最喜歡的畫展都沒有時間去參觀了。她開始認真反思自己的所作所為，仔細考慮自己以前所做的事。她問自己：難道那些事自己非做不可嗎？在回顧往事時她發現，自己所做的很多事情都意義不大，也不能為她帶來快樂，而真正能讓她感到開心的只有很少的幾件事。

　　於是，她坐下來，列出了她在過去的一段時間內參加過的所有的活動，大約有 100 多項。然後，她一邊看著這些活動，一邊從裏面挑選出比較重要的，例如照看自己的花園、跟興趣相投的人交談、幫助政治候選人、搜集自己喜歡的藝術品、參觀畫展等，這些事僅約佔所有活動的 20%。而那些對她不是太重要的事情，例如組織學校家長會、幫助教堂推銷聖誕禮物、到工會參加志願活動等，約佔所有活動的 80%。把一切都列出來之後，她開始重新安排以後幾個月的活動，並鼓起勇氣把那些不是很重要的活動從自己的日程表上刪去了。此後，她有了更多的時間去欣賞自己喜愛的畫展，並對自己喜歡的東方陶瓷進行了初步的研究。她對自己現在的生活感到很滿意，她收穫頗豐，也得到了快樂。

　　此外，「80/20 法則」也極有助於應付一長列有待完成的工作。面對著一長列工作，看起來似乎是不可能一一完成的，我們難免心存畏懼，於是大多數人在還沒有開始做之前便洩了氣，或者先做最容易的，把最困難的留到最後，結果永遠沒法著手去做

那些最難辦的事情。但是如果我們知道只要做其中的兩三項，就可以獲得最大的好處，那就會對我們大有幫助。只需要列出兩三項，各花一段時間集中精力把它們完成。不要因爲沒有把表中所有工作全部完成而感到不舒服，如果你所決定的優先次序是正確的，那麼最大的好處就是你永遠都在輕鬆地處理你手中所有事務中最重要的那件。

只有抓住 20%的少數關鍵問題，才能更好地處理在工作、學習和生活中遇到的問題。那麼，怎樣才能抓住問題的關鍵呢？答案是切中要害、直奔主題，不要在無關緊要的事情上糾纏不休。

在運用「80/20 法則」時，應注意以下事項：

(1)一定要分清那些是 20%，那些是 80%；

(2)不可過於關注 20%而完全忽略 80%；

(3) 20%的項目消耗太多資源時，可能會導致危機；

(4)千萬不要浪費 80%的精力，只收到 20%的效果。

13 方法加認真，做足 100 分

認真是一種態度，是一種責任感，是一種成功的品質。當我們有了一往無前的勇敢決心之後，要做的就是認真做好每一件工作，認真對待身邊的每一個人，認真對待每一次情緒波動，認真總結每一個心得和靈感。

當有記者問爲什麼主持會成功的時候，他回答：「我認真地幹

每一件事，認真地對待觀眾，認真地對待自己，所以我才會成功。」

世間的事就是這樣，付出的總會有回報。如果我們認真對待週邊的人了，他們就會「投之以桃，報之以李」，使我們不再孤獨，生活得快樂溫馨。如果我們認真地對待工作了，工作就會對我們付以金錢、職位或榮譽的回報。

在 NBA2005 賽季 76 人隊和活塞隊的一場比賽中，76 人隊的「答案」艾弗森得到 37 分和 15 次助攻，使得他職業生涯季後賽的平均得分已經達到 30.4 分。這個紀錄，在聯盟歷史上，季後賽得分比他高的只有「飛人」邁克爾‧喬丹(平均每場能得 33.4 分)。

活塞隊想盡辦法防守艾弗森，先是總決賽明星比盧普斯，接著是能跑能跳的漢密爾頓，最後是阿羅約。但這些都沒有用，艾弗森一次次突破、遠投、助攻，用拉裏‧布朗的話說：「我們都知道他能做什麼，但就是沒人能阻止他。」

活塞隊教練布朗曾是艾弗森的教練，他們在 2001 年曾聯手打進總決賽。但在布朗的眼裏，現在的艾弗森比 2001 年時還要出色：「他打了職業生涯最好的一個賽季，沒有人比他做得更好。」而在漢密爾頓看來，艾弗森的成功之道在於認真的態度：「自從進入聯盟認識阿倫以來，我從來沒聽他說過：『我是來作秀的』。他每場比賽都是如此認真。」

我們經常會看到這樣的事，有些員工不是在認真工作中得到公司的重用，而是完全寄希望於投機取巧。有些員工則是以應付的態度對待工作，卻希望得到老闆的賞識，得不到重用就埋怨老闆不能慧眼識英雄，或慨歎命運之不公。

面對工作我們要善於找方法，但卻絕不能認為方法和頭腦能代替認真和勤奮，聰明反被聰明誤，失去了本應屬於自己的升遷

和加薪機會。如果我們能夠認真盡到自己的本分，盡力完成自己
應該做的事情，那麼總有一天，我們能夠隨心所欲地從事自己想
做的事，贏得自己想要的體面生活。據說，古羅馬有兩座聖殿：
一座是勤奮的聖殿；另一座是榮譽的聖殿。它們在位置安排上有
一個秩序，就是人們必須經過前者，才能達到後者。這種安排的
寓意是，勤奮是通往榮譽的必經之路。

世上無難事，只怕「認真」二字。有了正確的方法，還只是
畫好萬丈高樓的宏偉藍圖，我們還必須認真地把好每一道工序的
品質關，砌好每一塊磚，焊好每一根鋼筋，才能經得起風雨的考
驗，蓋起摩天大樓。只有把正確的方法認真做足了，做好了，做
到 100 分，才能把最終的目標圓滿完成。

進化論創立者達爾文曾說，那些能夠生存下來的並不是最聰
明和最有智慧的，而是那些最善於應變的。

文明的高速發展、信息的大量充塞和社會的日新月異使得每
個人、每個企業都無法以不變應萬變。為了在這樣的環境中生存，
我們唯有以變應變，根據環境的變化，對自己的處世原則和辦事
方法進行修正。只有針對現實的不同情況，採取相應的策略才能
順利地達到目標。

世界上唯一不變的東西是變。對付變化只有一個辦法，那就
是以變制變。我們為什麼要不停地變化呢？因為現代意義上的「競
爭」已經不再是一個靜態的競爭模式。競爭是動態的，因為你的
對手在變，所以你的競爭優勢也因為變化而變化。

尋求變化的人才能在競爭中立於不敗之地。要想贏得與對手
的競爭，就要不斷地出奇招，讓對手始終感到競爭壓力而疲於應
付。在拳臺上，一個人不斷出招——對招、錯招，有用的招、沒

用的招，未必招招能殺人，但這一過程已構成了一股進攻的力量。「連續出招」就是在連續的變化當中，不斷地進攻對手，同時不斷地尋求對手的弱點，找到可以一招制敵的機會。「連續出招」同時也讓對手找不到你的主攻方向，避免與對手在一個靜止的狀態下作非輸即贏的決鬥。

一些成功的人士都是一些善於以變制變的人。

丹尼爾·洛維格出生於密歇根州的一個小地方，在他 10 多歲的時候，他就隨父親來到德克薩斯州一個以航運業為主的小城亞瑟港。由於洛維格對船十分著迷，他高中未畢業，就輟學到碼頭上找了個工作。

洛維格從 19 歲起開始經營自己的事業，在此後的 20 多年中，他一直在航運業裏勉強糊口，做些買船、賣船、修理和包租的生意，有時賺錢，有時賠錢。他手頭的錢一直很緊，幾乎一直有債務在身，有好幾次都瀕臨破產。

一直到 20 世紀 30 年代中期，年近 40 歲的洛維格才開始時來運轉。這歸功於他高明的借錢賺錢的經營方式和不斷應變的經營策略。最初，他僅僅是想通過貸款買一艘普通的舊貨輪，打算把它改裝成油輪(運油比運貨的利潤高)賣給石油公司賺錢。他找了好幾家紐約的銀行，銀行的職員們瞪著他的磨破了的衣領，問他能提供什麼擔保物，洛維格雙手一攤，他沒有值錢的擔保物，借錢只得告吹。最後當他來到紐約大通銀行時，他提出他有一艘可以航行的油輪，現在正包租給一家信譽卓著的石油公司，大通銀行可以直接從石油公司收取包船租金作為貸款利息，而用不著承擔任何風險。只要這條油輪不沉，石油公司不倒閉，銀行就不會虧本。

銀行就按照這個條件，以尚未購置的油輪為抵押，以將來的租金為貸款利息，把錢借給了洛維格。洛維格買下那艘老貨輪，把它改裝成為一艘油輪，並將它包租了出去。接著，他又用同樣的方法，拿它作了抵押，又貸了另一筆款子，買下了另一艘貨輪，並把它改裝成油輪包租出去。如此這般，他幹了許多年。每還清一筆貸款，他就名正言順地淨賺下一艘船。包船租金也不再流入銀行，而開始落入洛維格的腰包。他的資金狀況、銀行信用都迅速地有了很大的改進。洛維格開始發財了。

洛維格通過借錢賺錢發了財後，在以前借錢買貨輪改裝油輪的基礎上他又有了新的想法。他想，既然可以用現在的船貸款，那麼為什麼不可以用一艘未造好的船貸款呢？

洛維格還貸的具體方式是，他先設計好一艘油輪或其他的船，但在安放龍骨前，他就找好一位願意在船造好以後承租它的顧客。然後，他拿著這張包租契約前往銀行申請貸款，來建造這艘船。貸款的方式是不常見的延期償還貸款，在這種條件下，在船未下水以前，銀行只能收回很少還款，甚至一文錢也收不回，等船下了水的時候，租金就開始付給銀行，其後貸款償還的情況，就和以前的方式一樣了。最後，經過好幾年，貸款付清之後，洛維格就可以把船開走，他自己一分錢未花就正式成為船主了。

當洛維格把自己的構想告訴給銀行時，銀行的職員們都驚呆了。銀行經過認真研究之後，採納了洛維格的構想，同意貸款。對於銀行來說，這是一個不會賠本的貸款。在安全方面來講，這個貸款受到兩個經濟上獨立的公司擔保。這樣，假設其中的一個出了問題，不能履行貸款合約，另一個不一定會出現同樣的問題。所以，銀行反而認為借出的錢多了一層保障，更何況此時的洛維

格早已不是以前的窮光蛋了，他不僅有大筆的財產，還有良好的及時歸還貸款的信譽。

借錢賺錢的方式，被洛維格很快地推行到他的所有事業上，真正開始了他那龐大的財富積聚的冒險過程。最初，他是向別人租借碼頭和造船廠，很快地就改為他向別人借錢，修建自己的碼頭和造船廠。這一切都給他帶來極為可觀的豐厚的利潤。加之不久又遇上了第二次世界大戰這個良好時機，他所有的造船廠都生意興隆，一直持續到 20 世紀 40 年代末。

20 世紀 50 年代，美國國內工資、物價逐步升高，各種稅收開始增多，加上美國政府的限制，在美國國內開工廠和辦航運的利潤都在逐漸下降。洛維格及時看到了這一點，把眼光瞄向了海外市場。

他第一步是到日本建廠。趁著 20 世紀 50 年代初期的日本經濟蕭條、百業待興，洛維格對日本巨型艦船的生產地——吳港進行了大規模的投資，把它作為自己的輪船製造基地。隨著他擁有的船隊的不斷擴大和業務的持續增加，他在世界各地不斷增設新的輪船公司。

洛維格善於航運經營和企業理財之道，他把大部份輪船公司註冊、設立在稅、費等較低的哥倫比亞和巴拿馬等地，以增加公司的利潤。此外，他還創立了儲蓄借貸公司，以調劑他企業王國中各公司資金的空缺，同時，他也不斷地為他的王國開闢新的天地和經營領域。

以變應變聽起來簡單，但具體到一個企業、一個人時，則意味著要承擔風險、接受變數，甚至可能是失敗。適合過去的行為方式在今天可能不再適用甚至產生危害，這時候就不得不變。正

如柯達董事會總裁所說,其實,改變不是壞事,改變往往會帶來新的機會,在變的過程中可以學到新的知識。

14 齊心協力,和團隊並肩作戰

無論是在政府機關還是企事業單位,我們經常會看到一些「孤膽英雄」在拼命地工作,但他們的工作業績卻是平平的。爲什麼會是這樣的呢?也許這些「孤膽英雄」也覺得奇怪:我比別人付出得多,爲什麼我的業績一般,甚至有時還差點丟掉飯碗?答案是,1加1小於2,1加1大於2。這個答案可能令人茅塞頓開,原來個人要和團隊並肩作戰,團隊合作至關重要。

在動物界裏,有一種特別注重團隊作戰的動物,那就是螞蟻。讓我們來聽聽螞蟻自己是怎麼說的:

我們螞蟻過著群體生活,從蟻王到工蟻有明確的任務,沒有等級特權、沒有內耗,每個個體都自覺維護整個群體的利益。組織有序、分工明確、各司其職、忠於職守、堅忍不拔是我們組織的特色。

正是由於有了這種組織體系和與這種組織體系相對應的團結互助的螞蟻文化,一些個體比我們個體強大成千上萬倍的動物滅絕了,但個體渺小的我們卻能渡過一個個難關,頑強地生存下來,在地球的各個角落代代繁衍、連綿不斷。

如今,許多朋友感歎螞蟻團隊的力量不可思議,令人震撼,

感歎我們能造蟻山，能悄然瓦解各種龐然大物，甚至撼動千里之堤。但最初的時候，並不是這樣的。最初的時候，螞蟻家族裏，每只螞蟻都獨自為戰，還劃分領地，同時又經常互相爭奪食物，整個族群內部充滿了自私、爭吵、仇恨和戰爭，而且這種自私、爭吵、仇恨和戰爭不斷升級，程度越來越激烈，後來連上帝也看不下去了。

終於有一天，上帝來到我們祖先的身邊，說要帶大家訪問一下天堂和地獄，看看它們之間的區別。

所有的螞蟻都非常高興，跟著上帝先來參觀地獄。地獄的人正在吃飯，但奇怪的是，一個個面黃肌瘦，餓得嗷嗷直叫。原來他們使用的筷子有一米長，雖然爭先恐後夾著食物往各自嘴裏送，但因筷子比手長，總是吃不著。「地獄真悲慘啊！」每個螞蟻都慨歎。

之後，大家又隨上帝來到天堂。天堂的人正好也在吃飯，一個個卻紅光滿面，充滿歡聲笑語。但奇怪的是，天堂的人使用的也是一米長的筷子，不同之處在於他們在互相餵對方！

天堂與地獄的天壤之別，給我們的祖先上了生動的一課。從此，我們的祖先意識到，每隻螞蟻都可能面臨天堂或地獄般的生活，若懂得付出、幫助、友愛、分享，形成團隊的力量，就能生活在天堂裏；若只為自己，自私自利，損人利己，一盤散沙，凝聚不成團隊，很快就將生活在地獄裏。

在專業化分工越來越細、競爭日益激烈的今天，靠一個人的力量是無法面對千頭萬緒的工作的。一個人可以憑著自己的能力取得一定的成就，但是如果把你的能力與別人的能力結合起來，就會取得更大的令人意想不到的成就。

　　一個哲人曾說過，你手上有一個蘋果，我手上也有一個蘋果，兩個蘋果加起來還是蘋果。如果你有一種能力，我也有一種能力，兩種能力加起來就不再是一種能力了。

　　1 加 1 等於 2，這是人人都知道的算術，可是用在人與人的團結合作上，所創造的業績就不再是 1 加 1 等於 2 了，而可能是 1 加 1 等於 3，等於 4，等於 5……團結就是力量，這是再淺顯不過的道理了。

　　一個人是否具有團隊合作的精神，將直接關係到他的工作業績。你可以想想自己有沒有這樣的表現：遇到困難喜歡單獨蠻幹，從不和其他同事溝通交流；好大喜功，專做不在自己能力範圍之內的事。一個人如果以這種態度對待所面對的團體，那麼其前途必將是黯淡的。

　　只有把自己融入到團隊中去的人才能取得大的成功。融入團隊必須先有團隊意識，要讓自己擁有團隊意識，首先就要擯棄「孤膽英雄」的思想，和「狂妄」、「自視清高」、「剛愎自用」堅決作別，代之以「眾人拾柴火焰高」、「眾志成城」、「齊心協力」的團隊意識。

心得欄 _____

_____

_____

_____

15 提高溝通協作能力

溝通對於提高任何群體、組織以及個人的工作效率和落實能力都十分重要。在世界各大商學院和商業研究機構對成功領導者的調查中，對於「什麼是他們工作中最主要的技能」問題答案的統計中，溝通能力始終排在首位。全球經濟一體化的環境，更要求大家不斷與不同文化背景的同事、客戶、合作夥伴、供應商等頻繁溝通。正確瞭解溝通協作過程及其影響因素，對於如何在工作中以最快的速度提高工作績效具有重要的意義。

一個決策往往是由上而下開始傳達的，但決策落實的程度、效果等卻是由下而上回饋的。所以，溝通不只是自上到下，而且也是從下到上的過程。

為了確保公司成員在工作中及時有效地溝通，美國的聯邦快遞設有一項管理舉措，即「調研回饋行動」。每年聯邦快遞都會通過員工對公司、對經理進行一次調研，員工通過問卷去評估他的經理，為他的經理打分數，有了分數後，再要求經理跟員工坐下來談，看看問題到底在那裏。經理以後能不能被提拔，這個分數很關鍵。

聯邦快遞公司也十分注重員工和上級之間以及員工與員工之間的溝通，因為這對於各個部門之間、上下級之間能否良好協作十分重要。員工生活在組織當中，他們有交流和傾訴的慾望。他

們需要與自己的同事交流；也需要與自己的上級交流；他們有表達自己對管理層、對組織的看法的需要和權利。在聯邦快遞公司，員工敢於向管理層提出質疑。他們可以求助於公司的保證公平待遇程序，以處理和經理之間那些不能解決的爭執。

1997 年，聯邦快遞的飛行員考慮罷工，其他員工便到飛行員家裏勸他們不要這樣幹。後來，經過員工與公司領導層的全面溝通，最終圓滿地解決了這個問題。在這個事件中，員工之間的平等關係、高層與員工之間的平等關係，以及公司所特有的諒解氣氛，化解了這一危機。

坦誠交流不僅使員工感到他們是參與經營的一分子，還能讓他們明瞭經營策略。這種坦誠交流和雙向信息共用是經營過程中不可缺少的一部份，它對提高組織落實力起著舉足輕重的作用。

聯邦快遞公司這種由下而上的回饋機制，直接越過了複雜的流程，反映了決策的好壞、落實的程度和效果。在這種及時的上下級溝通中，很多問題和隱患都得到了及時的解決，極大地簡化了落實的鏈條。

除此之外，公司還耗資數百萬美元建立了一個聯邦快遞電視網路，使世界各地的管理層和員工可建立即時聯繫，它充分體現了公司快速、坦誠、全面、互動式的交流方式。

由此可見，溝通對於簡化流程的作用。

在實現溝通的過程中，企業領導者要注意遵從有效溝通的特性。我們把有效協作溝通的原則概括為 5 點，即雙向性、明確性、談行為不談個性、積極聆聽，以及善用非語言溝通。遵從有效溝通的 5 大原則，可以提高溝通協作的能力，在提高了組織整體落實能力的同時也提高了個人的落實能力。

16 擁有好副手是成功管理的秘訣

擁有一個好的副手是成功管理的秘訣之一。任何一個希望把管理工作做好的領導都應該懂得培養一個人成爲自己的副手，事必躬親的領導是愚蠢的，有一個能配合自己的人作爲左膀右臂，領導輕鬆，助手也高興。

需要注意的是，副手不是助手，不是那個像秘書一樣爲領導者端茶倒水、查找資料、記錄會議的人，而是一個能幫助你決策，能在明確你的決策之後全力執行，甚至在你不在的時候可以替代你做決定的人。一個好的副手，不但會成爲領導者決策最有效的執行者，也可以把領導者完全從瑣碎的工作中解脫出來，專心騰出精力思考大問題。

一個真正有本事的領導者，可以讓自己的副手忙得團團轉，自己卻去打高爾夫，並且公司裏還不會有任何事情發生。

但如何慧眼識金，卻頗令人躊躇，這往往取決於企業文化和領導者的管理風格。在提拔副手時，不能只考慮資歷深淺或是否強幹，要選擇受員工尊敬的人，要選擇能進逆耳忠言的人，選的人要敢於對領導者說：「你錯了」。就像白宮辦公廳主任一樣，副手在領導者和一線員工之間起著緩衝作用。下屬的請求和投訴上達，由他決定那些該提交給領導者考慮，那些應該直接駁回。因此，他要善於講「不行」，又不會傷別人的心。

具體來說，以下幾種人才可供選拔爲副手。

⑴通才型人才。該類人才知識面廣博，基礎深厚，善於出奇制勝，集思廣益，有很強的綜合、移植、創新能力，善於站在戰略高度深謀遠慮。當領導者本人不是這類通才時，一定要選拔通才副職，以爲股肱智囊。

⑵補充型人才。補充型人才最適於做總經理副職助手。該類人才又分兩種：一是自然補充型，即具有總經理所短的方面的長處，進入班子，便順乎自然地以其之長補總經理之短，強化了班子集體優勢，此類人才主要應由總經理自己挑選；二是意識補充型，即能自覺意識到自己的地位、作用，善於領會總經理意圖，明白總經理的長處與短處，積極地以己之長去補總經理所短。

⑶競爭型人才。這種人才有能力，善應變，勇拼搏，無忌妒之心，有趕超之志，敢冒風險以爭取重大成就。有時會對管理者造成某種心理壓力或推力。管理者應認識到競爭型人才是開創新局、拓寬道路所必需的。管理者應關心這類人才，主動與之展開友誼競賽。

⑷潛在型人才。該類人才年輕人居多，其才華初露，但未成熟，處於潛隱階段，需經過一定的培養、實踐、訓練、考核，方能脫穎而出。

⑸實幹型人才。實幹型人才是每個領導團隊的必有人才。這類人才埋頭實幹，任勞任怨，高效率、高品質、高節奏，是領導者身邊不可少的人才。但是，在許多情況下他們並不善於保護自己，因此往往爲明槍暗箭所傷。領導者應善於保護他們。

⑹忠誠型人才。忠誠型人才是任何時代、任何階段的領導者都歡迎的人才。而作爲現代社會制度下的領導，就應具有現代社

會的「忠誠觀」。領導者「叫幹啥就幹啥」，領導者「指那打那」，不提建議，也不提意見，此謂之「初級忠誠」；領導者「叫幹啥就幹啥」，對領導者的指示能舉一反三，按正確方向把事情辦得更完善、更滿意，此謂之「中級忠誠」；敢於對領導者的決策提出不同意見甚至反對意見，敢於批評、揭露、糾正領導者的錯誤，不計個人得失，以企業的發展爲己任，勇於力排眾議或犯顏直諫，或提出自己的代替方案，此謂之「高級忠誠」。

總之，領導者不僅僅需要一個副手，最好還要把他打磨成一個和領導者自己同樣優秀的領導者候補人選，作爲自己的接班人。

17 成功領導者懂得授權之道

要避免事必躬親，放權就成爲領導者唯一的選擇。授權是管理的重要內容。著名的管理大師史蒂芬・柯維認爲，做不到合理的授權是造成中層經理工作效率低下的主要原因。

所謂授權，就是指爲幫助下屬完成任務，領導者將所屬權力的一部份和與其相應的責任授予下屬，使領導能夠做領導的事，下屬能夠做下屬的事，這就是授權所應達到的目的。合理授權可以使領導者擺脫能夠由下屬完成的日常任務，自己專心處理重大決策問題，還有助於提高下屬的工作能力，有利於提高士氣。授權是否合理是區分領導者才能高低的重要標誌，正如韓非子所說的「下君盡己之能，中君盡人之力，上君盡人之智」。領導者要成

為「上君」，就必須對下屬進行合理的授權。

　　一個懂得授權之道的領導者，才是成功的領導者。

　　艾文是紐約一家電氣分公司的經理。他每天都要應付上百份的文件，這還不包括臨時得到的諸如海外傳真送來的最新商業信息。他經常抱怨說，自己要再多一雙手，再有一個腦袋就好了。他已明顯地感到疲於應付，並曾考慮尋找助手來幫助自己。可他當時卻以為這樣做的結果只會讓自己的辦公桌上多一份報告而已。公司人人都知道權力掌握在他手裏，每個人都在等著他下達正式指令。艾文每天走進辦公大樓的時候，就開始被等在電梯口的員工團團圍住，等他走進自己的辦公室，已是滿頭大汗。

　　艾文終於忍不住了，他終於醒悟過來，開始把所有的人關在電梯外面和自己的辦公室外面，把所有無意義的文件拋出窗外。他讓他的屬下自己拿主意，不要再來煩他。他給自己的秘書做了硬性規定，所有遞交上來的報告必須篩選後再送交，每天不能超過 10 份。剛開始，秘書和所有的下屬都不習慣。因為他們已養成了奉命行事的習慣，而今卻要自己對許多事拿主意，他們真的有點不知所措。但這種情況沒有持續多久，公司就開始有條不紊地運轉起來，下屬的決定大多都非常及時和準確無誤，公司沒有出現差錯；相反，以往經常性的加班現在卻取消了，因為工作效率大幅度提高了。

　　從此，艾文有了讀小說的時間、看報的時間、喝咖啡的時間、進健身房的時間，他感到愜意極了。他現在才真正體會到自己是公司的經理，而不是凡事都包攬的「老媽子」。

　　領導者要學會授權。一個成功的領導者不會因為授權而動搖自己的位置；相反，他會通過授權使自己的工作趨於完美。

　　剛剛開始工作時，我們經常會事事親力親為，什麼事情都自己做。但稍不注意，我們養成了事必躬親的習慣，陷入忙碌、混亂、效率低下的怪圈。出現這種問題的癥結就在於不懂得合理授權，結果導致自己不能將精力集中在最重要的事情上。

　　授權是現代領導者必須具備的一項技能。只有把責任分配給其他成熟老練的員工，領導者才有餘力從事更高層次的管理活動。授權成功，領導者所得到的會遠遠多於親力親為所得到的。

　　高明的授權法是既要下放一定的權力給下屬，又不能給他們以不受重視的感覺；既要檢查督促下屬的工作，又不能使下屬感到有名無權。若想成為一名優秀的領導者，就必須深諳此道。

　　一手軟，一手硬；一手放權，一手監督。這樣的領導者才算深諳授權之道的人。

　　保羅·蓋蒂派喬治·米勒去勘測洛杉磯郊外的一個油田。米勒先生是著名的優秀管理人才，對石油行業很在行，而且誠實、勤奮，在管理企業方面也很有一套。對於這樣的優秀人才，保羅·蓋蒂總是委以重任並給予極高待遇，而米勒也樂於為保羅這樣的老闆效力。

　　為了考察米勒的真正本領，保羅·蓋蒂在米勒到崗後的一個星期就到洛杉磯郊外的油田去視察，結果發現那裏的面貌沒有多大變化，仍然存在不少浪費及管理不善的現象，如員工和機器有閒置現象、工作進度慢等。另外，他還瞭解到米勒下工地的時間很少，整天待在辦公室裏，因此，該油田的利潤並沒有提高。針對這些狀況，蓋蒂要求米勒提出改進的措施，

　　米勒答應他會馬上處理這些事情。

　　可是一個月後，當蓋蒂又到那裏去檢查時，發現改進還是不

大，蓋蒂認為米勒沒有按照自己的要求去做，因此應該和他談一下。

蓋蒂在米勒辦公室坐下，嚴厲地說：「我每次來到這裏不會太久，總能發現有許多地方可以減少浪費，提高產量，增加利潤，可是你卻整天坐在這裏無動於衷，對我的要求不置可否。」

米勒說：「那是您的油田，油田上的一切都跟您有切身關係，所以您有如此銳利的眼光，能看出一切問題來。可是如果您換一個角度想一下會是什麼樣子呢？」

米勒的回答引起了蓋蒂的很大震動，問題的癥結也由此找到了。他決定給予米勒更大的授權，並將其做事的動機與利潤掛鈎，同時告訴米勒，過一段時間他還會來視察的。

第三次去油田，蓋蒂直截了當地對米勒說：「我打算把這片油田交給您，從今天起我不付給您工薪，而付給您油田利潤的百分比。這正如您所明白的，油田愈有效率，利潤當然愈高，那麼您的收入也愈多。我想您是不會反對這種做法的。您先考慮一下。」

米勒思索一番，覺得蓋蒂這一做法對自己雖然是個壓力和挑戰，可也是一個展示自己才幹和謀求發展的機會，於是欣然接受了。從那一天起，洛杉磯郊外油田的面貌一天天地在改觀。

由於油田盈虧與米勒的收入有密切的關係，他對這裏的一切運作都精打細算，對員工嚴加管理。他把多餘的人員遣散了，使閒置的機器工具發揮出最大的效用，把整個油田的作業進行一環扣一環的安排和調整，減少了人力和物力的浪費。他改變了過去那種長期坐在辦公室看報表的管理辦法，幾乎每天都到工地檢查和督促工作。這樣米勒不僅提高了自己的工作積極性，同時還影響了其他人的工作態度。

幾個月後，蓋蒂又一次去洛杉磯郊外油田視察，他想看看米勒在這次大膽用人改革後的表現如何。

這次視察讓他很高興，因為這裏沒有浪費現象了，產量和利潤也開始大幅度增長。

這次嘗試，使得米勒的潛能得以發揮，而蓋蒂的收益更是呈幾何級數增長，不僅摸索出用人之道，同時獲得了雙贏的效果。

企業在授權這一問題上要遵從「授權而非放權，監控而非監督」這樣一條原則。只有將授權與監控正確結合起來，企業才會能者佔其權，「人才」與「業績」兼得。

18 把信任作為授權的基礎

「最成功的管理是讓人樂於拼命而無怨無悔，實現這一切靠的就是信任。」這是經營之神松下幸之助的一句名言，信任具有強大的激勵威力，更是授權的精髓、前提和支柱，也是現代領導文化的核心。領導者應該在信任的基礎上對員工充分授權，只有這樣才能讓授權發揮最大的功效。

臺灣的奇美公司以生產石化產品 ABS 而位居全球行業首位，可是公司董事長許文龍對於公司內部大大小小的事卻是全權授權，自己從不做任何書面指令，就算是偶爾和主管們開會，也只是聊聊天、談談家常而已。更讓人感到奇怪的是，他在公司裏連一間專門的辦公室也沒有，也不知道自己的圖章放在那裏。他每

天的主要工作就是開著車到處去釣魚，正巧趕上有一次下大雨，他便決定到公司去看看。當他到達公司後，員工看見他都驚訝地問：「董事長，沒事你來公司幹什麼？」他想了想覺得很有道理，於是，便一溜煙地開車走了。

像許文龍這樣的領導者，就是聰明的領導者，因為他懂得正確地利用員工的力量，發揮協作精神，為公司創造業績，同時也有效地減輕了自己的負擔。在現代管理中有句話形容這種情況：「你抓得越少，反而收穫得越多。」

現在，很多領導者都懂得授權這個道理，可有些時候，權力雖然賦予員工了，但卻並未達到理想的效果，甚至降低了員工的工作積極性。而這種情況之所以出現，主要是因為領導者在授權時沒有解決好「信任」這個問題。

領導者應該學會這種方法——讓比你更聰明的人去替你賺錢，事必躬親雖然證明了你的敬業，卻不是一個聰明的領導者的做法。畢竟，一個人的能力是有限的，一個無權不攬、有事必廢的領導者必然是什麼都幹不好的。領導者在授予員工權力之前先要明白，沒有信任就不能授權，缺乏信任授權就會失敗。可以說，信任是授權的開始，授權則是信任的結果。因此，領導者一旦決定授權，就要信任員工，「用人不疑，疑人不用」，只有充分的信任才能讓授權發揮最大的作用。

一手締造了宏碁集團的施振榮在談起自己的領導經驗時說，最重要的一點就是信任員工，充分授權。他常說：「企業要想做到代代相傳，必定要建立在授權的基礎上。再強勢的領導人，總有照顧不到的角落，也會有離開的一天，但是在一個授權的企業，各主管已經充分瞭解公司文化，能夠隨時隨地自主詮釋企業文

化，這樣的企業才有生命力。」他是這麼說的，也是這樣做的。對公司的員工，他總是予以信任，充分授權，即使他們工作做得慢，與自己方式不同，也絕不插手。他說：「一個領導者要能忍受員工犯錯誤，並把它看做成長必須要付出的代價。只要是無心之過，只要最終他賺的錢多於學費，你就沒有理由吝惜爲他交學費，你一插手，他失去機會和舞臺，怎麼成長呢？」在他的這種管理方式下，宏碁湧現了不少獨當一面的人才，也形成了強大的接班人隊伍。

信任，也是惠普公司成功的一個不可或缺的因素。惠普的領導者們深知，對員工的信任能夠讓他們願意承擔更多的責任，從而能使公司的團隊合作精神得以充分的發揮。在惠普，存放電氣和機械零件的實驗室備品庫是全面開放的，這種全面開放意味著不僅允許工程師在工作中任意取用，而且還鼓勵他們拿回家供個人使用。因爲惠普認爲，不論工程師們拿這些零件做的事是否與他的工作有關，總之只要他們擺弄這些玩意兒就能學到點東西。

可見，信任是領導者授權的第一要訣，領導者要明白與員工分享權力是開創企業並發掘企業增長潛力的最佳途徑。用人不疑，疑人不用，領導者如果不相信員工，自己就會累死，而相信他們則會獲得成倍的收益。

所以，當領導者選擇向員工授權時，一定要給予他們充分的信任，否則，沒有信任，又何談什麼授權呢？事事監控，或者關鍵的地方不肯放手，如此的授權又有什麼實質的意義呢？

水不激不躍，人不激不奮。如何使人本資源發揮最大效能，領導者起著至關重要的作用。一名出色的領導者扮演著樂隊指揮的角色，他們會用人所長，容人所短，讓智者盡其謀，勇者盡其

力。領導者一個重要的任務就是找出那些最適合某項工作的人並賦予他們恰當的權力，讓他們可以盡情施展才華，爲企業發展貢獻力量。一個讓所有員工充分發揮潛能、盡心盡力工作的企業，必定是秩序井然並有強大競爭力的，而實現這一切就是領導者的職責。

每個員工的能力、性格是不同的，他們對不同工作的適應能力也各有差異，因此，領導者應該根據自己的標準識別那些有能力的員工，找到最適合他們的工作並賦予他們權力，只有這樣才能有效地提高企業的生產效率，增強競爭力。

在這一點上，汽車大王亨利‧福特就給我們做出了榜樣，他十分善於識別員工的才能，同時也十分注意招攬人才，並根據他們的特點提供讓他們各自施展才能的機會。福特公司的發展壯大，就是因爲有了一批契合崗位的人才。

在零配件設計方面，埃姆及他領導的設計團隊發揮了至關重要的作用。埃姆不僅專業技藝精湛，而且善於管理，在他的身邊聚集了許多精兵強將。例如，摩根納號稱公司的「千里眼」，他負責的是採購工作，因為他有一種鑑賞機器設備的超常能力，只要到競爭對手的供應場上看一下，就可以弄懂新設備的製作技術，然後將結果報告給埃姆，不久以後仿造或是被改進的機器設備就出現在福特的汽車廠裏了；芬德雷特則是一名出色的「偵察兵」，他經常跑到公司以外的部件供應廠，估算對方的生產成本，一旦判斷出那種產品要漲價，他就建議福特廠馬上中斷同那家部件供應廠的訂貨，再根據自己的描述自行生產製造這一設備；「檢驗員」韋德羅則是一位精明強幹的機器設備檢驗專家，他的職責是向埃姆彙報自動機床試車情況。

正是在這群有才幹的助手的幫助下，埃姆領導的設計團隊為福特汽車的發展做出了很大貢獻。他們發明的新式自動專用機床，其中自動多維鋼鑽，可以從 4 個方向同時工作，只需幾分鐘就可以在汽缸缸體上鑽 45 個孔，這是當時世界上公認的最先進的設備，而埃姆個人也被公認為是在汽車工業革命方面貢獻最大的人。

在尋求企業經營管理方面的優秀人才上，庫茲恩斯則是一個代表。庫茲恩斯對汽車業的經營有著豐富的經驗，他聰明能幹，善於交際，處事果斷，而且精力充沛，工作熱忱，雄心勃勃。福特正是在他的幫助下，才在各地建立起了許多行銷點，形成了完善的行銷網路。

此外，推動福特汽車公司登上事業巔峰的 T 型車是在威利斯和哈夫的幫助下設計完成的，廣告設計師佩爾蒂埃的天才創意進一步促進了 T 型汽車的市場銷售。福特汽車公司為人們津津樂道的、世界一流的汽車流水裝配線，是在索倫森、馬丁和努森的努力下建成的，他們還改革了福特汽車公司陳舊的裝配技術和工序，提高了生產效率，進一步降低了成本。

正是在這些人才的共同努力下，福特汽車的面貌煥然一新，全美幾乎所有千人以上的小鎮都至少有一家福特汽車的代銷點，汽車的銷售情況也十分喜人。雖然福特汽車製造廠不斷刷新自己保持的汽車製造紀錄，但仍然有大批的訂單供不應求。

領導者必須找到那些最適合自己公司的員工，然後賦予他們盡可能大的權力，讓他們充分施展，這樣，企業的發展就會被推到一個又一個高峰。

19 要培養出良好工作習慣

    對於每一個人而言，我們通常的行為模式，當然也許是一種根深蒂固的行為模式，就是自己往往在處理很多事務方面都存在著時間安排不當的局面，而不僅僅是涉及某一項特定的事務。如果我們想改變自己，使自己變成善於利用時間的高手，就必須帶著足夠的信心、毅力，勇敢地和妨礙自己有效安排利用時間的每一個習慣做堅決的鬥爭。肩負重任的公司主管應該養成以下 4 種良好的工作習慣：

1.消除桌上所有紙張，只留下正要處理的東西

    光是看見桌上堆滿了還沒有回的信、報告和備忘錄等等，就足以讓人產生混亂、緊張和憂慮的情緒。更壞的事情是，經常讓你想到「有 100 萬件事情要做，可是沒有時間去做」，不但會使你憂慮得緊張和疲倦，也會使你憂慮得患高血壓、心臟病和胃潰瘍。

    美國著名的心理治療專家威廉·山德爾博士就曾讓一位病人用清理辦公桌的方法來避免精神崩潰。這位病人是芝加哥一家大公司的高級主管，他初到診所的時候，情緒緊張憂慮。他知道自己可能要精神崩潰，可是他沒有辦法辭去工作，他需要有人幫助他。

    「當這個人正要把他的問題告訴我的時候，」山德爾博士說，「我的電話鈴響了起來，是醫院打來的電話。我沒有多討論這些

問題，當場就做了決定，我總是盡可能當場解決問題。我剛把電話掛上，鈴聲又響了。這是一件很緊急的事情，我花了一點時間討論。第三次來打擾我的是我的一個同事，為一個病得很重的病人徵求我的意見。當我和他討論完了以後，我轉過身去準備向我的病人道歉，因為我一直讓他在等著。可是他臉上的表情完全不一樣，非常的開心。」

「不必道歉了，大夫，」這個人對山德爾說，「在剛才的那10分鐘裏，我想我已經知道我的問題出在那裏了。我現在要動身回到辦公室裏，改一改我的工作習慣……可是在我走之前，你能不能讓我看看你的辦公桌呢？」

山德爾博士打開他的辦公桌的幾個抽屜，裏面只放了一些文具。「請你告訴我，」那位病人說，「你沒有辦完的公務都放在那裏？」

「都辦完了，」山德爾說。

「那麼你還沒有回的信放在那裏呢？」

「都回了，」山德爾告訴他說，「我的規則是，信不回決不放下來。我都是馬上口述回信，讓我的秘書打字。」

6 週之後，那位高級主管把山德爾博士請到他的辦公室去。

他整個地改變了，辦公桌也不一樣了。他打開辦公桌的抽屜，抽屜裏不再有還沒有做完的公務。這位高級主管說:「以前我在兩個辦公室裏有 3 張寫字臺，把我整個人都埋在工作裏，事情永遠也做不完。當我和你談過以後，我回到辦公室，清出一大堆的報表和舊的文件。現在我的工作只需要一張寫字臺，事情一到馬上就辦完。這樣就不會有堆積如山沒有做完的公務威脅我，讓我緊張和憂慮。可是，最讓我想不到的是，我完全恢復了健康，現在

一點兒病也沒了。」

2.按事情的重要程度來做

佛蘭克林‧白吉爾是美國最成功的保險推銷員之一，他不會等到早上 5 點才計劃他當天的工作，他在頭一天晚上就已經計劃好了。他替自己定下一個目標，定下一個在那一天要賣掉多少保險的目標。要是他沒有做到，差額就加到第二天，依此類推。

當然，一個人不可能總按事情的重要程度來決定做事情的先後次序。可是，按計劃做事絕對要比隨便去做事好得多。

如果蕭伯納沒有堅持「該先做的事情就先做」這個原則的話，他也許就不可能成爲一位作家，而一輩子做一位銀行出納員了。他擬訂計劃，每天一定要寫 5 頁。這個計劃使他每天 5 頁地持續寫了 9 年，雖然在這 9 年裏他一共只得了 30 多塊美金的稿費。

3.碰到問題時，如果必須做決定就當場解決，不要遲疑不決

霍華在美國鋼鐵公司任董事長的時候，開董事會總要花很長的時間，在會議上討論很多很多問題，達成的決議卻很少。其結果是，董事會的每一位董事都要帶著一大包的報表回家看。

最後，霍華先生說服了董事會，每次開會只討論一個問題，然後得出結論，不耽擱，不拖延。這樣所得到的決議也許需要更多的資料加以研究，可是無論如何，在討論下一個問題之前，這個問題一定能夠達成某種協議。結果非常驚人，也非常有效。所有的陳年舊賬都清理了，日曆上乾乾淨淨的，董事也不必帶一大堆報表回家，大家也不再爲沒有解決的問題而憂慮了。

4.學會如何組織、分工負責和監督

很多新主管替自己挖了個墳墓，因爲他不懂得怎樣把責任分攤給其他人，而堅持事必躬親。其結果，枝枝節節的小事使他忙

亂不堪。他覺得很憂慮、焦急和緊張。學會分工負責是很不容易的。如果找來負責的下屬不對，也會產生很大的麻煩。分工負責雖然很困難，可是一個做主管的如果想要避免憂慮、緊張和疲勞，就非要這樣做不可。

每天早上給自己打打氣，這在心理學上來說非常重要。因爲「我們的生活就是我們的思想造就的」。每個小時你都跟自己說一遍，你就可以引導自己去萌發很多勇敢而快樂的思想，也可以因此得到力量和平靜。跟自己談很多值得感謝的事情，你就可以在腦子裏充滿向上的思想。

只要想法正確，能使任何崗位都不那麼令人畏懼。你的上司希望你對自己的工作感興趣，他才能賺更多的錢。可是我們且不管上司要什麼，你要想想，對自己的工作有興趣的話，能夠對你有什麼好處；常常提醒自己，這樣做可以使你從生活中得到加倍的快樂，因爲你每天清醒的時間有一半以上要花在你的工作上。

如果在你的工作上得不到快樂，在別的地方也就不可能找到快樂了。要不停地提醒自己，對自己的工作感到有興趣，就能使你不再憂慮，而最後可能會爲你帶來升遷和加薪。如果事情沒有這樣好的結果，至少也可以把你的壓力和疲勞減到最低程度，讓你享受到工作的快樂。

20 你需要培養那些優秀習慣

習慣是一種恒常而無意識的行為傾向，反覆地在某種行為上產生，是心理或個性中的一種固定的傾向。成功與失敗，都源於你所養成的習慣。

著名的成功學大師拿破崙‧希爾說：我們每個人都受到習慣的束縛，習慣是由一再重覆的思想和行為所形成的。因此，只要能夠掌握思想，養成正確的習慣，我們就可以掌握自己的命運，而且每個人都可以做到。許多事情反反覆複做就會變成習慣，人的許多行為習慣都是做中養成的。對習慣進行管理，簡單地說就是用新的良好習慣去破除和取代舊的不良習慣。要改掉壞習慣，關鍵是明確什麼是好習慣。

有些習慣是具體的，有些則是模糊的，但一些好習慣是可以描述出來的：

1.日清日畢，絕不拖延

主管每天都會接到來自高層的工作指令，來自其他部門的協作要求，以及來自下屬的工作請示等，事情很多。在這種情況下，做到「日清日畢」就很有必要。規定當日完成或在一定時間內完成的工作要儘量按時完成，否則拖拉的結果必然是影響今後的工作計劃。長此以往，就會形成一種惡性循環，總會有事情做不完，總會有事情打斷手頭的工作，工作效率必然大受影響。

2.強調時間管理

對於公司的主管來說，面對飛速變革的產業環境給公司帶來的重重壓力和來自公司高層越來越苛刻的贏利目標夾擊，如何抓住時間，有效管理好時間，成爲關鍵。

現代管理學大師彼得‧德魯克認爲，有效利用時間是完全可以後天學習的，其關鍵是：首先，爲成效而工作，而不是爲工作而工作。先要考慮「我期望得到的成果是什麼？」，而不是一開頭就考慮做些什麼工作，採用什麼技術或手段；其次，把主要精力集中於少數主要的領域。制定優先的工作次序，並且堅持已經決定的工作重點，有條不紊地安排工作。

巴萊多定律（「二八定律」）告訴我們，在任何一組事物中，最重要的只佔其中一小部份，約爲 20%，其餘 80%雖爲多數，卻是次要的。最重要的事情（重要的少數）先做，而不是先做那些次要的事情（微不足道的多數），那將一事無成。

3.講究協作，強調授權與信任

很多人認爲，在時下「個人英雄」產生的概率已經微乎其微，越來越多的人開始崇尚團隊合作。爲順利地實現工作目標，主管需要習慣與人合作，而不是單打獨鬥。

與人合作就包括與其他主管合作，也就是部門間的合作。對主管而言，所要完成的工作就是實現公司戰略，要做到這一點，僅靠某個部門是不可能實現的。所以，主管之間需要加強合作。

此外，主管還要學會對下屬授權，要信任和接受下屬。常言道：用人不疑，疑人不用。相信下屬是一種良好的心態、開闊的胸懷和較高的思想境界。當然，授權不等於放任不管，主管要對下屬進行適當的指導和控制。

4.時常反思，學會總結

主管總是被大量的工作所包圍，他們每天只能埋頭被動地完成來自高層的任務，日復一日年復一年，這樣的結果令自身能力的提升速度大大降低。

養成反思的習慣，可以總結更多的經驗和教訓，同時也能不斷地修正今後的工作，這樣就可以清楚地看到自己邁出的每一步。反思應該是一種持續不斷的過程，而不是事到臨頭才去抱佛腳。只有這樣才能很好地把握自己要做的任何事情。

以上是一些好習慣，主管可以學習去建立，如果已經有了這些習慣，你可以去鞏固。

21 勞逸平衡，更能提高效率

·······························

我們強調放鬆、強調勞逸結合的重要性，就是因為一個人只有在頭腦清醒的狀態下工作，才會是高效率的；否則，就算我們花費在做事上的時間再多，效果也會很差。所以，保持清醒的精神狀態對我們來說相當的重要。

有個伐木工人在一家林場找到一份伐樹的工作，由於薪資優厚，工作環境也相當好，伐木工很珍惜，也決心要認真努力地工作。

第一天，老闆交給他一把鋒利的斧頭，劃定一個伐木範圍，讓他去砍伐。非常努力的伐木工人，這天砍了 18 棵樹，老闆也相

當滿意，他對伐木工人說：「非常好，你要繼續保持這個水準！」

伐木工聽見老闆如此誇讚，非常開心，第二天他工作得更加賣力。但是，不知道為什麼，這天他卻只砍了 15 棵樹。

第三天，他為了彌補昨天的缺額，更加努力砍伐，可是這天卻砍得更少，只砍了 10 棵樹。

伐木工人感到非常慚愧，他跑到老闆那去道歉：「老闆，真對不起，我不知道為什麼，力氣好像越來越小了。」

老闆溫和地看著他，接著問：「你上一次是什麼時候磨的斧頭？」

伐木工望著老闆，詫異地回答說：「磨斧頭？我每天都忙著砍樹，根本沒有時間磨斧頭啊！」

當你從 18 棵樹的成績降低到 10 棵樹時，就表示你必須找出時間，磨一磨你的斧頭了。

多一點時間休息，多花一點時間增強實力，才能頭腦清醒，事半功倍，讓每一分每一秒都在自己的掌控之中。

獲得清醒狀態最好的辦法，當然是休息。一個人只有休息得好，才有可能精力充沛地投入到工作中去。問題是，我們很難獲得高品質的休息。高品質的休息，就是要做到讓自己的身體和精神都處於一種鬆弛的狀態，這樣我們的身體機能和精神狀態才能夠得到恢復。

獲得高品質的休息，不是一件容易的事情。最主要的原因在於我們很難做到「該做事的時候做事，該休息的時候休息」。其實我們要做的事，並沒有多到一點兒休息的時間都沒有，並沒有多到連吃飯、去廁所、搭公車，甚至睡覺的時候都要為做事傷腦筋。但是做事帶給我們的緊張情緒卻被我們毫無保留地帶到了做事以

外的生活中。

休息的時候，我們的腦海裏面還是纏繞著有關事情的種種細節，我們還是在下意識的慣性作用下，處在做事的狀態中。儘管我們可能已經遠離了電腦，遠離了文件，但是我們的大腦卻還是和這些東西纏繞在一起，遲遲不肯離開。更為嚴重的是，做事也蔓延到了我們的睡眠之中。生活中有多少總經理可以每天享受到舒適的睡眠，而不被與工作有關的夢境打擾，相信那個比例一定是小得可憐。

而無法獲得真正休息的癥結就在於我們不能夠很好地在做事態與休息態之間實現轉換。我們經常是一時間回不了神兒，或者認為我們不能很好地進入角色。讓你停止休息，馬上投入做事，可能不難；但是要讓你停止做事，馬上去休息一下，可就不是那麼簡單了。解決這個問題沒有什麼太好的辦法，因為人畢竟不同於機器。如果是一台機器的話，只要設置一個開關就行了，就能讓它說幹就幹，說停就停，可是人是不可能做到的，任何人在任何狀態間的轉化調整，都是一個漸變的過程。於是我們能做的就是讓這個漸變過程盡可能的短。

所以，為了能夠更好地做事，必須要有高品質的休息。休息絕對不是浪費時間的事情。渾渾噩噩 24 小時地做事，一定不會比 12 個小時全神貫注做事產生更好的效果。這個道理大家都明白，關鍵是在你需要休息的時候，你能夠想到這一點而不再把自己的精力停留在做事上。

我們應該學會如何暇時吃緊，忙裏偷閒。在閒暇的時候，甚至是無聊得有些發慌的時候，就應該給自己安排一些事情做，把一些不急於讓我們解決的事情拿來思考一下，把一些早就放在案

頭卻沒有時間看的書流覽一番，爲的是以後能夠獲得從容；在手忙腳亂，甚至忙得四腳朝天時，也能有心情來個忙裏偷閒，那怕就是坐在街心公園裏面看看小孩子們玩耍，或是閉目養神的時候打開娛樂頻道聽聽歌星們的消息，爲的就是獲得片刻的閒暇，這樣我們就不會讓自己閑得無聊，或是忙碌得精疲力竭。勞逸結合就是這麼產生的。

休息不是浪費時間，而是補充精力。渾渾噩噩地 24 小時做事，一定不會比 12 個小時全神貫注地做事產生的效果好。想要保持精力充沛，就必須學會勞逸結合。一張一弛，勞逸結合，效率才高。

爲了能夠更好地做事，必須要有高品質的休息。人只有在清醒的狀態下做事，才會是高效率的，否則，就算我們花費再多的時間做事，效果也會很差。

我們在工作中常常爲了完成事先制定好的工作計劃而趕進度，在集中注意力工作的同時卻忽視了休息和放鬆，最後導致自己精力衰退，相反降低了工作效率。一個人只有休息得好，才有可能精力充沛地投入到工作中去。高品質的休息，就是將自己的身體和精神處在一種鬆弛的狀態，在這樣的過程中，我們的身體機能和精神狀態都能夠得到恢復。想要獲得高品質的休息，就要做到「該做事的時候做事，該休息的時候休息」。

人的注意力通常只能持續約 90 分鐘。90 分鐘後，花 10 分鐘的時間休息，在這個時間段內給自己充電或是喝杯水，做些輕鬆的事情，或者做你想做的某件事，都是明智之舉。

怎樣才能做到勞逸結合，或者說讓自己感到不累呢？

1.吃早飯很重要。如果你忽略了早飯的話，那你在早晨就無

法達到最佳的工作狀態。你會因饑餓而一直期盼著午飯時間的到來，而且在中午的時候容易犯困。為了提高工作效率要吃點東西是必要的。

2.要擁有充足的陽光。早晨的陽光能夠喚醒你沉睡過後懶散的身體和大腦。

3.做一些有氧運動。好好地步行一下或者慢跑一會兒，運動能減緩壓力，讓你的血液流動起來，整個人的精神也會煥發起來。

4.除非特殊情況，否則在早晨 10 點前不要查看電子郵件或者是接電話。這些事情需要時間和集中注意力，而此時你工作目標就會很容易被擱置在一邊或者忽略。如果你能將那些不重要的事情先放到早晨 10 點或者是 10：30 過後再去處理的話，你就能抓緊時間及時地完成那些重要的任務。

5.要有積極而非消極的想法。這也許看起來很簡單，但是許多人卻無法做到這一點。不要一直想著事情最糟糕的一面，試著看看事情積極的那一面。

6.每過 30～45 分鐘離開你的辦公桌，停止你正在進行的工作，讓你自己的注意力轉移一下。你會發現你回來以後，在工作上有更多好的想法而且精力也更充沛了。

7.午飯後散個步（或許只有短暫的 10 分鐘）也會讓你整個中午的精力充沛許多。當別人還坐在那裏消化午餐的時候，你已經恢復充沛的精力了。

8.不要耗費時間閒談。也許閒談是一件很有趣的事情，它可以讓你瞭解一些你的同事或者是上司的趣聞。但是閒談總是一件很消極的事情，這種無聊的事情會耗費你很多的時間。

9.每天列出 5～7 個目標，將其中的 3 項作為你的目標。列出

你要做的事情這是一個好習慣，但是列出太長的單子卻不是一件很好的事情。

10.對別人的「緊急」請求不要做出過快的反應。當別人要你幫助他們完成一項任務，或者是他們有一些緊急的需求需要你幫助的時候，你要學會說「你最晚需要在什麼時候完成這些事情？」或者是「你什麼時候需要完成這些事情？」然後再安排當天的行程。

11.不要等到非休息不可的時候才去休息，我們應該學會常常休息，在疲憊到來之前休息。只有這樣才能讓我們的精力一直保持旺盛，能夠讓我們在清醒的狀態下高效率地做事。

此外，我們應該學會如何閒暇時吃緊，如何忙裏偷閒。在我們閒暇的時候，甚至是無聊得有些發慌的時候，就應該給自己安排一些事情做，把一些不急於讓我們解決的事情拿來思考一下，把一些早就放在案頭卻沒有時間看的書流覽一番，爲的是以後能夠獲得從容。

在我們手忙腳亂，甚至是四腳朝天的時候，也能有心情來個忙裏偷閒，那怕就是坐在街心公園裏面看看小孩子們玩耍，或是閉目養神的時候打開娛樂頻道聽聽歌星們的消息，爲的就是獲得片刻的閒暇，這樣我們就不會讓自己閑得無聊，或是忙碌得精疲力竭。

22 有效使用時間，提高工作效率

每天的工作時間都是有限的，在有限的工作時間裏就應該工作，而不應該去做一些與工作無關的事情。把有限的工作時間充分利用起來，才能在工作時間內多做事或提高做事的品質，才能真正地提高工作效率。

翻閱成功人士的歷史，不難看出，那些成功人士都非常珍惜自己的時間。那些全身心投入工作的人，從來都不會主動和別人海闊天空地閒聊。因爲他們不希望自己寶貴的時間就這樣白白浪費，他們想用這些有限的時間去做些有意義的事。

有人或許會說，他們都是成功人士，當然不會有閒暇的時間了。其實，不管是成功人士，還是普通人士，都要珍惜自己的時間。珍惜時間是爲了創造更大的價值，要珍惜自己的時間，同時也要珍惜別人的時間。珍惜自己的時間，可以讓自己遊刃有餘地做自己的工作。珍惜別人的時間是爲了和別人打好關係。如果總是在別人工作的時候和別人海闊天空地談一些與工作無關的話，這樣就是在妨礙別人的工作，不會有人喜歡和妨礙自己工作的人交往的。那些成功人士都不會浪費時間，不管是自己的還是別人的。因爲他們知道，在浪費別人時間的同時，也是在浪費自己的時間。

在珍惜時間這方面，有些人做得滴水不漏。他們最可貴的本

領之一，就是與任何人交往或商談，都能簡捷迅速。這是一般成功者都具備的素質。一個人只有真正認識到時間的寶貴時，他才會有意識地學會珍惜時間，學會去防止那些愛說閒話的人來打擾他。

在美國現代企業界裏，與人接洽生意能以最少時間產生最大效益的人，首推金融大王摩根。爲了恪守珍惜時間的原則，他得罪了很多人，因此招致了許多怨恨。雖然可能會被別人怨恨，但是我們都應該把摩根作爲這方面的典範，因爲人人都應具有這種珍惜時間的美德。晚年的摩根仍然是每天上午 9：30 分進入辦公室，下午 5 點回家。有人曾經對摩根的資本進行了計算，根據計算顯示，他每分鐘的收入是 20 美元。但是，摩根自己說好像還不止。除了與生意上有特別重要關係的人商談之外，摩根還從來沒有與人談話超過 5 分鐘以上。

通常，摩根總是在一間很大的辦公室裏，與許多職員一起工作。他不像其他的很多商界名人，只和秘書呆在一個房間裏工作。摩根會隨時指揮他手下的員工，按照他的計劃去行事。如果走進他那間大辦公室，是很容易能見到他的，但是如果沒有重要的事情，他絕對不會歡迎別人去打擾他，因爲他不會和任何人做無謂的交談。

摩根是一個有著極其卓越判斷能力的人，他能夠輕易地猜出一個人要來接洽的到底是什麼事。當一個人在對他說話時，不管怎樣地轉彎抹角都沒有用，他能立刻就猜出對方的真實意圖。具有這樣卓越的判斷力，使摩根節省了多少寶貴的時間。對於那些本來就沒有什麼重要事情需要接洽，只是想找他來聊聊天的人來說，摩根絕對不會多和他多說一句話。

時間是有限的，但只要我們善於管理時間，就可以拉長時間的寬度，提高時間的利用效率。養成良好的管理時間的習慣，做時間的主人，才能有效地提高工作效率。

一個人只有善於管理時間，才能提高工作的效率和品質。時間彌足珍貴，我們不能絕對地延長壽命，但可以通過管理時間，來相對地將時間延長。這樣就等於增加了時間的「密度」，擴充了有限的時間內涵。人們之所以會浪費時間，就在於沒有想到自己是時間的主人，沒有做到有效地管理自己的時間。

現代商界中，與人洽談生意，都希望利用最短時間產生最大效力。有無數大銀行、大公司的經理以及高級職員，經過多年經驗都養成了善用時間的習慣。有不少實力雄厚、目光遠大、判斷準確、吃苦耐勞的大企業家，多是沉默寡言而辦事迅速敏捷的人，他們所說出來的話，句句都是確切而有的放矢的。他們從不在無謂的事情上面多耗費一點一滴的時間。

那麼，怎樣有效地管理時間來提高工作效率呢？我們要重視時間管理的基本原則：

1. 檢查和反省自己的工作

我們要定期對自己每個時間段的工作情況做好檢查和反省。即通過記錄自己的時間，追蹤自己的時間流向，定期分析自己時間的運用狀況，找出在時間安排上存在的問題和造成時間浪費的因素，進行修訂並改掉浪費時間的習慣。

2. 擬定工作的進展計劃

在制定工作目標的同時要擬定工作的進展計劃，使時間的應用更具效用和計劃性，並在實際工作中心無旁騖地在一段時間內，切實執行工作計劃，使自己成為掌握時間的主人。

3.懂得運用黃金時間

黃金時間即是自己在工作時間內最能投入、效率最高的時間段。學會有效運用每天的黃金時間,解決對自己工作比較重要的事情,這樣才能提高問題的解決效率。

4.對自己的工作進行相應的時間管理

首先,對具體的、可確定的工作計劃必須是明確的、具體的,明確到每一個時間段具體要完成什麼樣的工作內容;其次,對工作中可以衡量的、可以量化的工作,如銷售目標做一個計劃進行分解,並按照時間要求追蹤落實;再次,對容易達到和短時間能夠完成的工作盡可能抓緊時間進行落實,防止因為工作或者事情太小而忽視;最後,要注重工作計劃的完成效果;最後,對所負責的工作要有限定的完成時間,不要為自己找藉口或者理由而推脫。

這個世界很公平,不管你是窮人還是富人、無論你是管理者還是普通的員工,每個人每天都只有 24 小時,如果你把 8 小時的工作時間,當成鍛鍊自己能力的 8 小時,那你的進步就很快;如果你錯誤地認為這 8 小時是屬於老闆的,8 小時之外才是自己的,那你一生損失的時間就會很多,你會不自覺地放棄了很多學習和晉升的機會。

每個人都應做自己時間的管理者。要知道,「挽留」時間無術,「購買」時間無門。只知道珍惜時間而不懂的怎樣去分配時間也不行,唯一的辦法就是:管理時間,駕馭時間,做時間的主人,把自己人生的各個階段進行全面規劃統籌安排。

早在 2500 年前,孔子就說過:「吾十有五而志於學,三十而立,四十而不惑,五十而知天命,六十而耳順,七十而從心所欲,

不逾矩。」也就是說，人應該 15 歲開始立志發奮學習，30 歲開始創立事業，到了 40 歲已不爲紛繁複雜的社會現象所迷惑，50 歲懂得了自然規律，60 歲能採納各種不同意見，70 歲時處理問題得心應手，不出差錯。這便是個人大體的人生規劃，即把一生的時間當作一個整體運用，圍繞人的不同生命階段來對自己進行終身設計和管理，這是一個人時間管理成功的關鍵。

23 要充分利用時間

充分利用時間，提高時間利用率，實質上就是以較少的時間做較多的事情。充分利用時間是一個永恆的話題，我們辦每件事都要考慮節約時間的問題，做到充分利用時間來提高工作效率。

提高了時間的利用效率，就是提高了工作效率。凡成功人士無一不是利用時間的能手，他們儘量利用好每一天，甚至利用好每一分鐘乃至每一秒鐘。

縱觀成功人士的行爲，他們很少有浪費時間的，他們的成功實質上是時間利用上的成功。

那麼，如何充分利用時間，提高時間的利用率呢？下面的一些建議可供參考：

1.以較小的時間單位辦事

這樣有利於充分安排和利用每一點點時間，一時節約的時間和精力或許不多，但長期積累，便可節約大量的時間。

2. 給自己限定時間

人的心理很微妙，一旦知道時間很充足，注意力就會下降，效率也會跟著降低；一旦知道必須在什麼時間裏完成某事，就會自覺努力，使得效率大大提高。人的潛力是很大的，給自己限定時間，通常不會影響心身健康，卻可大大提高工作效率。

3. 關鍵時刻要搶時間

平常要充分利用時間，關鍵時刻要搶時間。如果搶時間的能力差，就很容易在關鍵時刻失敗，因此我們都要學會搶時間。

4. 採用先進的工具和技術節約時間

採用先進的工具和技術節約時間，一時節約的時間或許不多，但長期積累則會很多。假如一生都儘量採用較先進的工具和技術，就會節約大量的時間。儘管使用先進的工具和技術可能要花不小的代價，但與長期積累所節約的時間相比是值得的。

5. 把時間安排滿

把自己的時間安排得滿滿的，促使自己努力地去工作，這是充分利用時間的最好辦法。假如給自己安排的事情不多，那麼，無論如何認真，時間還是沒有被充分利用。

6. 優先辦理重要的事情

所做的事情越有意義，時間的利用率就越高；反之，時間的利用率就越低。如果把大部份時間用在瑣碎的事情上，就是非常不值得的。

7. 用最多的時間發揮特長

發揮特長有助於個人發展，因此應投入較多的時間發揮特長。投入於特長的時間越多，對個人的發展越有利，一生的時間利用率也就越高。

8. 通過合作節約時間

對於一件事，可分割成幾個較小的部份，自己只做其中一部份，其他部份讓別人去做。這樣可爲自己節約很多時間。

9. 一心多用

我們可以邊吃飯，邊聽新聞、音樂；邊看電視，邊交談；邊看書，邊交談；邊吃飯，邊交談；邊打乒乓球，邊交談。在刷牙、洗臉、刮鬍子、穿著打扮時，可讓自己放鬆放鬆。我們都有一心多用的願望，長期如此，就會在不知不覺之中形成了習慣，這對於充分利用時間非常有益。當然，這要視自己的情況而定，不要因此而影響健康。

10. 給自己找更多的事情做

沒事做或沒有較多的事情做，是很多人沒有充分利用時間的一個主要原因。不斷進取，樹立較大的目標，是使自己有更多的事情做的最好辦法。一個人的潛力是很大的，而大部份人的潛力只用了很小一部份。

11. 利用間斷時間

例如看電視時，人們通常只留意其精彩的內容，因此通過多換台可以得到更多精彩的內容。可以邊看電視邊做其他事情，電視內容精彩時，就看一看，反之，就做別的事。在公事包裏放一本好書，有空就拿出來看一看，工作中間沒事時可拿出來看，在飯店裏等吃飯時也可以看一看……

12. 利用零碎時間

利用好零碎時間並不難，但最容易被人們所忽視。優秀人士與一般人的區別主要在於他們善於利用零碎時間，儘管一時的區別並不大，但長期積累，差距就產生了。例如坐地鐵、坐火車時，

讀讀報紙或構思一個文件，或者好好地自我放鬆一下（例如閉目養神）：在等待的時間裏，可考慮發展計劃，讀幾頁書，看看報紙，處理一些瑣事或放鬆一下。

13. 多考慮現在和未來

我們要多考慮現在和未來，少考慮過去的事情，以便充分利用時間和精力。回顧過去往往會浪費很多時間和精力。當然，在處理許多事情時，也是要吸取以往的經驗和教訓的，因爲過去有些經驗和教訓可作爲現在或以後辦事的參考。

14. 充分利用休息時間

例如，利用吃飯時間、飯後短暫的休息時間、運動後放鬆的時間和朋友、同事交談，這樣既有利於放鬆心身及消除疲勞，又利於交友。

15. 被干擾的時候做些簡單的事情

如果不速之客來了，可以邊應酬邊辦事。對於無關緊要的會議，應想辦法推掉，以免浪費時間；不得已參加這些會議時，可以簡單思考一下某個辦事計劃。

16. 常做記錄

隨身帶一本小冊子，有好的想法就記下來。例如，隨時記錄改進工作、做好某事的好辦法，學習的心得體會等。好的想法不記下來，很容易忘記，即使勉強能回憶起來，也會費時間和精力。

凡成功人士都懂得如何優化處理工作，都懂得如何節省工作時間。優化處理工作，節省工作時間，就能在最短的時間內，把事情做對做好。這就是在提高工作效率。

如果一個人經常關注提高效率的方法，就一定知道計劃的重要性，同樣，也肯定知道計劃中總是遇到各種偶然的、突發的、

緊急的事情。對於這些偶然的突發事件和計劃主線，究竟那個優先呢？只有做到優化處理臨時工作，才能提高工作效率。

對於臨時工作而言，什麼是優化處理呢？其實它的內容很簡單，主要包括兩個方面：

1.計劃趕早不趕晚

那些被稱爲「偶然、突發、緊急」的事情，在臨近午飯或者臨近下班的時候出現是最麻煩的。所以，把計劃裏的最重要的工作留給自己一天中精力最旺盛、思路最清晰的時間段去做，這樣不但可以提高工作效率，而且還會讓你節省珍貴的時間。

2.兩分鐘法則

事情不等人，就算我們按照第一條做了，也一定會有麻煩事在計劃執行中冒出來，這時候就參考一下兩分鐘法則。

所謂「兩分鐘法則」，就是首先衡量臨時工作所需的時間，如果預計能夠在兩分鐘之內完成，就中斷計劃去完成它，反之，把它推遲到計劃執行完畢之後再去做。

那麼，怎樣才能夠做到節省時間，有效地提高效率呢？

(1)制定時間管理計劃，計劃每月、每週、每日的行程表。設定每項活動的完成期限或跟進日期；制定應急措施，幫助應付意外情況。

(2)養成快速的節奏感，這不僅可以提高效率、節約時間，也能給人以良好的作風印象。

(3)學會授權。把一些工作分給他人去做，等於節約自己的時間。

(4)養成整潔、有條理的習慣。據統計，一般公司職員每年要把6週時間浪費在尋找亂堆亂放的東西上面。保持桌面整潔，桌

面上只放當天要用的文件和物品，其他所有文件，物品按固定位置存放，要用時才拿出來。建立良好的文書檔案系統，方便存檔及查閱。

(5)專心致志，有始有終，不要讓突然而來的想法、主意，影響手頭上的工作，應把它記錄下來，在方便的時候再考慮。儘量完成一項工作再開始另一項工作，切忌有頭無尾。

(6)簡化工作流程。例如，消除不必要的任務或步驟，合併某些任務或步驟，同步進行兩項或更多的任務或步驟，將任務或步驟進一步細分，重新安排工作流程使用更有效的工作方法。

(7)所有文件、資料只經手一次便處理好，切記閱讀後不做處理，留待下次再閱讀、再處理的重覆工作。保證工作的品質，避免返工帶來的浪費。

(8)克服拖延的壞習慣，現在就做。

(9)制定每日的工作時間表，每天都將目標、結果日清日新。

(10)把零散的時間運用起來。滴水成河，用「分鐘」來計算時間的人，比用「小時」來計算的時間的人時間多 59 倍。零散的時間可用來從事零碎的工作。例如，坐車、等人時，就可以學習、思考、閱讀、更新工作日程、簡短地計劃下一個行動等。沒有利用不了的時間，只有自己不利用的時間。

(11)正確利用節省時間的工具，電話、電子郵件、傳真、語音系統、電腦等。使用電話時應開門見山，長話短說；打電話前應先列出講話要點，以免遺漏。需要向一個以上的人傳遞信息時，應採用電子郵件，以避免重覆浪費時間。提高使用日常電腦軟體的技巧。

(12)養成高效的閱讀習慣，例如，要有目的地閱讀；快速略讀

和重點詳讀相結合;歸納要點,在書上標記或記筆記;切忌逐字閱讀;簡化辦公室的傳閱資料。

⒀要有高質高效的睡眠,例如,培養隨時隨地入睡的能力;注重睡眠品質,不要只注重時間長短;利用白天瞬間睡眠,保持旺盛精力;進行心理訓練,可以進行自我暗示。

⒁通過學習提高自身的技能是提高效率的捷徑,可以長期自學,定期參加各種研討會;多方面搜集與專業有關的信息,更新自己的知識結構;養成終生學習的習慣。

24 善用高工作效率的最佳時段

掌握自己的生物節律,找出工作效率最高的時間段,並且利用好效率最高的時間段,就可以大大提高時間的利用率。

聰明的人常能輕鬆處理完成堆的工作,不是他們比別人用在工作上的時間多,而是他們是時間管理的高手。他們知道自己在那段時間工作效率最高,那段時間處於工作低潮。假如不能做到這些,即使簡單的事情也會變得複雜異常。為了使事情做起來更簡單容易,我們需要訂立符合自身情況的工作計劃。

提高工作效率的一個有效的方法,是要掌握自己的生物節律,知道自己效率最高的時間帶,即自己最能集中精神投入工作的時間帶。知道什麼時候應該做到什麼程度,就能縮短時間,提高工作效率。大多數的人在一天內特定的一段時間裏,能夠盡全

力工作，或者是在清晨，或者在午餐前，或者在大多數員工已經離開、辦公室內沒有噪音和不會分神情況下的黃昏。

一旦找出了你能全力工作的那段時間，不要將之作為秘密，要虔誠地來捍衛這段時間。可以關上你的房門，在門上貼上有你親筆簽名的紙條謝絕來訪者，並將打來的電話轉給別人。應該把最具挑戰性的工作留給這段時間，並讓每個人都知道這段時間是完全屬於你個人的。

有關研究表明，人們在一週之內從事不同工作，其效率會有很大不同。一週的前半部，人們的精力旺盛，態度和行為比較激進，到了一週末尾，人的精力會開始下降，卻也更易通融。有關研究人員按照主導性、順從性、親和性和爭吵性幾個行為傾向，對人一週的行為規律進行了研究。

將這四方面屬性的起伏組合起來看，研究人員得出一些十分有趣的結論：

1.雙休日之後的星期一，人體的生物鐘往往還沒有調解過來，沒有在 24 小時結束後自動歸零，而不知不覺地延續到「第 25 小時」。所以星期一不是埋頭做事的好時候，這時候最好分派任務，做好規劃，設定目標。

2.星期二工作效率最高，產出最大。星期二上午 10 點到中午這段時間，人頭腦最清醒，這時很適合安排一些難度大的工作來做。對管理者來說，可利用此時間，安排下屬一週內最有挑戰性的任務。

3.星期三是一週的轉折，此時人體的精力還是很好，且思路活躍，最有創造性。這一天是制定戰略、開展「腦力激盪」的最佳時間，也是決策技能最能得到發揮的時候。

4.星期四基本上是人們的雄心和精力均已下降的時段，卻又對即將到來的週末充滿希望。這時候人也變得比較通融，這時候去找客戶，客戶向你妥協也最有可能。

5.星期五的時候人們最容易冒險。這一天人們喜歡進行高風險的投資。另外，到了星期五，人們總希望一週事一週清，一些一週內糾纏不清的事情，大家都喜歡這個時候來個了斷。

25 珍惜時間就是在提高工作效率

時間有限，我們應該學會珍惜。凡在職場中的佼佼者都是視時間為生命的，他們不浪費一分一秒，因為他們懂得時間的價值。在工作中，要想提高工作效率，就要從珍惜時間開始。

2000 年前，大哲人孔子立於河邊，面對奔流不息的河水，想起逝去的時間與事物，發出了一句千古流傳的感歎：「逝者如斯夫，不捨晝夜。」時間是最平凡的，也是最珍貴的，金錢買不到它，地位留不住它。每個人的生命是有限的，它一分一秒，稍縱即逝。時間是寶貴的，雖然它限制了人們的生命，但人們在有限的時間裏是可以充分地利用它的。

每個人每天得到的都是 24 小時，可是一天的時間給勤勞的人帶來智慧與力量，給懶散的人只能留下一片悔恨。成功的人珍惜每分每秒，成就輝煌；而失敗的人正因為抱著「做一天和尚敲一天鐘」的思想得過且過，消磨時間，在他們眼裏時間是漫長和無

謂的，而當他們回過頭之後，才發現時間如流水，一去不復返，自己除了獲得失敗的經驗外一無所有。

時間是不等人的，想擠出時間很不容易，但失去時間卻是很容易。一分鐘並不長，但一分鐘裏可以做許多事情：一分鐘，鐳射可以走 1800 萬公里，等於繞地球 45 圈；一分鐘，最快的電子電腦可以運算 90 億次，等於 60 個人不停地計算一年；一分鐘，最快的戰鬥機能飛行 50 公里；一分鐘，大炮能發射 80 發炮彈。

要珍惜時間，就必須抓住每一分，每一秒，不讓每天空度過。昨天的過去了，明天的不能等，關鍵是時刻把握住今天。等待明天而放棄今天的人，就等於失去了明天，結果將是一事無成。

一天，愛迪生在實驗室裏工作，他遞給助手一個沒上燈口的空玻璃燈泡說：「你量量燈泡的容量。」說完他又繼續低頭工作了。過了好半天，愛迪生問：「容量多少？」

他沒聽見回答，轉頭看見助手拿著軟尺在測量燈泡的週長、斜度，並拿了測得的數字伏在桌上計算。他說：「時間，時間，怎麼費那麼多的時間呢？」

愛迪生走過來，拿起那個空燈泡，向裏面斟滿了水，交給助手，說：「把裏面的水倒在量杯裏，馬上告訴我它的容量。」助手立刻讀出了數字。

愛迪生說：「這是多麼容易的測量方法啊，它又準確，又節省時間，你怎麼想不到呢？還去算，那豈不是白白地浪費時間嗎？」

人們常說「時間是金子」，可金子是可以買到的，但時間卻是買不到的。浪費時間的人是可恥的，是對生命的一種褻瀆。要知道，時間是被用的而不是被浪費的。珍惜時間的人，時間才會珍惜他們。

26 工作時間內避免被打擾

　　在工作時間內，保證工作時間不被打擾很重要，因為這樣才能把有限的時間用在最需要的地方。懂得捍衛你的時間，你才能有效地提高工作效率。

　　當你確保自己不被打擾的時候，你的工作效率就會高很多。當你坐下來要去完成一項特別認真的工作的時候，不要做其他任何事情，專心致志投入到這段時間裏。一個不少於 90 分鐘的時間段，對於完成一項單獨的工作是十分理想的。

　　通常人們專注於一項工作而忘了時間的時候，大約需要 15 分鐘才能進入狀態。當被打擾之後，又要花費 15 分鐘才能重新進入狀態，一旦你進入了狀態就一定要保持住。

　　大文豪魯迅的成功，有一個重要的秘訣，就是珍惜時間。魯迅 12 歲在紹興城讀私塾的時候，父親正患著重病，兩個弟弟年紀尚幼，魯迅不僅要經常上當鋪，跑藥店，還得幫助母親做家務。為了不影響學業，他必須要做好精確的時間安排。

　　此後，魯迅幾乎每天都在擠時間。他說過：「時間，就像海綿裏的水，只要你擠，總是有的。」魯迅讀書的興趣十分廣泛，又喜歡寫作，他對於民間藝術，特別是傳說、繪畫非常愛好。正因為他廣泛涉獵，多方面學習，所以時間對他來說，實在非常重要。他一生多病，工作條件和生活環境都不好，但他每天都要工作到

深夜才肯甘休。

魯迅最討厭那些「成天東家跑跑，西家坐坐，說長道短」的
人，在他忙於工作的時候，如果有人來找他聊天或閒扯，即使是
很要好的朋友，他也會毫不客氣地對人家說：「唉，你又來了，就
沒有別的事好做嗎？」

我們有時需要和週圍人商量一下，來保證大部份時間不被打
擾。如果必要的話，提前通知他們在特定的時間裏不要打擾你。
決定好了要做什麼，就不要做其他事情。如果偶然被別人打擾，
確定他們最重要的事情是什麼，以便安排接下來該如何處理。

需要休息的時候，就要休息一下。假如你覺得自己需要恢復
一下體力，那就不要邊工作邊休息。收郵件、上網都不是休息。
當你休息的時候，可以閉眼，做深呼吸，聽一些輕鬆的音樂，或
者出去走走，或者小睡 20 分鐘，或者吃點水果。一直休息到你覺
得又可以工作為止。需要休息就休息，該工作就工作，要的是 100%
的集中精神。想休息多久就休息多久是沒錯的，只是別讓休息時
間佔用了工作時間。

平時學習利用一些簡單的暗示，多少也可以省下一點時間。
好好應用一些有效的計劃捍衛時間，不但可減輕你的壓力，還可
以加強你的社交技巧與彬彬有禮的形象。

一個從不浪費別人的時間的人，也會珍視自己的時間，這樣
的人才真正懂得時間是用來做重要的事情的，他們的工作效率必
然高。尊重別人的時間，就是在尊重自己的時間。

有一天，一個大企業家和一個年輕人約定於次日上午 10 點到
他的辦公室談話。事先，這位年輕人曾經托他謀取一個位置。第
二天，企業家本來預備在談話之後，領他去見一位總裁，因為這

位總裁辦公室正需要一個職員。遺憾的是，第二天，這個年輕人在 10 點 20 分才到，但企業家已經不在辦公室了，他去出席另一個集會了。

幾天以後，年輕人請企業家再次會見。企業家問他為何上次不準時赴約，年輕人回答說：「先生，我那天是在 10 點 20 分到的。」

企業家立刻提醒他：「但我是約你 10 點到的！」

「是的，是非分明我知道，」年輕人支吾地回答，「但是 20 分鐘的相差，應該沒有什麼大的關係吧！」

「不！」企業家嚴肅地說，「能否準時，是大有關係的。就以此事而論，你不能準時，所以就失去了你所想得到的職位；因為就在那天，那位總裁已錄用了一個職員。而且，我告訴你，年輕人，你沒有權利可以這樣看輕我那 20 分鐘的時間價值，而讓我在這段時間閒著等候你。在這段時間，我要參加兩個重要的約會呢！」

有些人總是喜歡在約會的時候遲到，而且他總是有很多的理由來自我解釋：「對不起！我實在太忙了。」這種解釋真是一點也不合情理，既然忙就不要和他人約定，即使是臨時有事也要事先聯絡。

以忙為理由就是不合理。你忙既不是對方的責任，也不是對方要求你要這麼忙，而你卻完全只站在自己的立場說話，只想到自己的方便與否，卻沒有為對方著想。像這樣任意妄為全然不顧對方的立場，讓對方等待數十分鐘的行為，就等於使對方在無形之間蒙受了時間上的損失。

現代社會也可說是契約社會，約定也是一種契約。身為社會的一員，若不能遵守這種契約精神，如何能夠與人交往呢？

　　然而，現實生活中，有些人卻做不到這一點。如參加一個宴會，邀請函明明印了 6 時入席，一般能在 7 時開始就不錯了。再者，把汽車送進車廠修理，講好 3 天后取車，屆時對方可能會說：「這兩天太忙了，明天才開始修理。」

　　類似這種「空頭支票」，大家早已經見怪不怪，甚至早已經演變成一種風俗文化，太信守承諾的人反而會讓人大吃一驚。

　　然而，不能信守約定卻是職場中的一大忌諱。不論這個人多麼有才能，但他總是若無其事地約會遲到，久而久之大家就都知道他是一個言而無信的人，自己說的話都做不到，拜託他的事就更不能有保證了。

　　許多行業中的頂尖人物也都贊同這種原則：尊敬別人的人是不會讓別人等他們的。

27 記錄工作時間，制定時間分配計劃

　　時間的利用與工作計劃是緊密相連的。記錄好工作時間，制定好時間分配計劃，才能真正做到提高時間的利用率，從而有效地提高工作效率。

　　提高工作效率，採用工作時間記錄法不失爲一種好的選擇方法。在採用工作時間記錄法分析我們的工作效率時，首先要研究如何花費時間，應該先研究時間究竟耗費在什麼地方，再把所有的時間分配記錄下來以後，看看自己的時間那裏最多，然後採取

相應的措施予以改善。既然現存的生活習慣不會自動輕易改變，那麼可以採用診斷、分析、改進的方法。採用工作記錄法，需要記錄以下內容：

1.在每一天的早上或是前一天晚上，把一天要做的事情列一個清單出來。這個清單包括公務和私事兩類內容，把它們記錄在紙上、工作簿或是其他什麼上面。在一天的工作過程中，要經常地進行查閱。

2.把接下來要完成的工作也同樣記錄在你的清單上，在完成了開始計劃的工作後，接下來要做的事情記錄在你的每日清單上面。如果清單上的內容已經滿了，或是某項工作可以轉過天來做，那麼你可以把它算作第二天或第三天的工作計劃。

3.對當天沒有完成的工作要進行重新安排。那麼，對一天下來那些沒完成的工作項目又將做何種處置呢？你可以選擇將它們順延至第二天，添加到你第二天的工作安排清單中來。但是，你不要成為一個辦事拖拉的人，否則，每天總會有幹不完的事情，每天的任務清單都會比前一天有所膨脹。

4.制一個表格，把本月和下月需要優先做的事情記錄下來。再次強調，你所列入這個表格的工作一定是必須要完成的工作。在每個月開始的時候，將上個月沒有完成而這個月必須完成的工作添加入表。

為了管理好時間，要制定時間分配計劃，然後按照計劃去做。製作計劃容易，但真正實施計劃是困難的。特別是開始的時候，按照計劃進行工作可能比較困難，最常見的可能是這份計劃製作得不好。但只有按照計劃去做，你才能知道它的優劣。怎樣克服在執行計劃時遇到的困難呢？可以想想按計劃進行會有那些好

處：

1.工作中許多錯誤都是由於考慮不週、粗心大意，或是不注意細節而造成的，按照好的計劃工作是避免這些錯誤的最好途徑。

2.它能改變你的工作方式，有了計劃就不用浪費時間去考慮下一步要幹什麼，你完全可以把精力集中在所做的事情上，會很少分心，從而會提高工作效率。

只要我們合理安排時間，做好自己的長遠規劃，善於把精力分配到重要的事物和緊急的事務上，工作效率就會大幅提升。這樣經過一段時間以後，等待你的就會是豐厚的回報。

28 克服拖拖拉拉的壞習慣

很多人的工作效率低是因為做事拖延。我們要懂得「立即行動遠勝於拖延」的道理。一百次心動不如一次行動。加強執行力，才能不斷進取，才能進一步提高工作效率。

拖拖拉拉絕對是一種壞習慣，有這種壞習慣的人，是不會有所成就的。做事拖拖拉拉，無形中就會降低工作效率，要想提高工作效率，就必須克服這種壞習慣。

有些人總愛把要做的事情往後推，總是相信以後還有很多時間，或者覺得這件事在別的時間做會更容易些；但事實卻不是這樣，事情不及時處理，以後處理會更困難。對一些人來說，辦事拖拉已經成為一種習慣。他們常說「我可以明天再做」、「我應該

休息一下了」、「我做不了」等。

每個人都有推後任務或工作的衝動，每個人都會在不同程度上拖延工作。拖延是提高工作效率的大敵，我們唯有克服它，才能為我們高效率地開展工作解除屏障。

做事拖拖拉拉是說做事慢，但做事拖延則往往意味著停止，所以拖延比拖拖拉拉更可怕。拖延會讓我們需要解決的問題越來越多，每天面對日益增長的未處理的工作，卻不知從何下手，結果往往是丟了這件忘了那件，一件不成又半途而廢，費時費力，結果問題是越來越多，更談不上什麼提高工作效率了。

拖延還會讓我們的前途黯淡，與晉升無緣。因為一個上司絕不會一再容忍部下辦事拖拉，不講求實效，做不出什麼業績來。上司需要的是強有力的輔助者，而不是優柔寡斷的跟隨者。

只有「現在」才是通向成功的唯一可把握的東西，而「明天、下週、以後什麼時候再說吧、等我有時間時」等，這些話往往是失敗的同義語。

我們應該記住「凡事拒絕拖延，現在開始行動」這句話。如果有一件事情終究得你去做的話，就不要有「我要做它嗎？」、「明天再做吧！」、「等等看看再說吧！」的想法，事情能夠提前處理的，就不要等到終結的時間前還未做完。

怎樣才能夠克服工作中的拖延習慣呢？以下建議供參考：

1.自我審視

仔細審查一下你的拖延習慣。你每個月是否推後相同的事情（例如，推遲處理客人投訴，甚至是在你有錢償付的時候），或者你無論多小的事情都要拖延？找出你拖延的規律，並努力打破這個規律。

2.克服恐懼

一些人拖延工作，實際上是害怕手頭的任務或服務項目。這個任務或服務項目需要他們從舒適的環境中走出來，一提到這一點他們就動彈不得。有時人擔心接聽電話的顧客，可能不願聽到他們要說的話或將會回絕他們時，就會拖延打這個電話的時間。

要消除恐懼，就要明確你的優點和技能，回憶以前做成功的事情並將它們寫下來：明確並承認自己的弱點，將其轉化為優勢：對你成功的意義作合理的評判，並專注於你自己的而不是別人的需要和期望。

3.不要過於追求完美

完美主義是拖延工作的常見原因。完美主義者不願意著手工作，因為他們擔心他們可能無法達到自己的高標準。一個完美主義者將變得固執於細節，力圖掌握住工作中的方方面面，而忽略了工作的推進，直到最後一分鐘來臨——如果工作沒有做，他就不用面對不完美的可能了。

如果你真的是這樣，那就要改變你的標準和價值觀了，要制定切合實際的目標。失誤是絕佳的老師，錯誤是一座寶藏。當你發現你的弱點中常常隱藏著優勢的時候，你便開始接受你自己了。一旦你接受了自己，就會發現你總是在試圖做得最好，而他人的期望已變得不那麼重要了。

4.不要在危機下突擊

如果你多年來都因在最後限期的壓力下工作而感到刺激（或有所回報），你可能是個喜歡製造危機的人。危機製造者完全相信，只有在最後一分鐘他們才會被激發起來。危機製造者常常讓別人急得發瘋，他們常常造出危機並試圖在最後一分鐘解決，想

讓自己看起來在壓力下表現良好。

如果你是個喜歡製造危機的人，那就應該努力平衡你的生活。學習如何在工作之外建立一種有價值的生活，而不是在工作中尋求需求的滿足；學會提高效率和工作品質，同時戒掉工作中突擊的習慣。這會讓你的生活從從容容而不總是危機四伏。

5.少允諾，多完成

貪多的人最難意識到他們想要做的太多，因爲每件事對他們都是重要的，授權、拒絕以及設定優先次序並不是他們的強項。

如果你是一個貪多的人，那麼首先要明確在限定時間內完成任務，什麼是必須要做的，什麼不是必須要做的，對任務做通盤考慮，然後完成它。應該明確要完成的目標以及完成時間，並將這些目標分成小目標（例如，一次集中完成報告的一部份），最重要的是要少允諾，多完成。

6.制定計劃

知道了自己拖延工作的原因，就要制定計劃去減少和控制拖延。可以從安排你的每個具體任務開始，將完成這個項目所需要做的任務列出來，排好輕重次序。完成一個任務就做一個標記，並獎勵一下自己。

7.不必後悔或優柔寡斷

當要開始你的任務而又忍不住要拖延時，不妨靜坐幾分鐘，想想你即刻要做的事情，設想一下拖延工作和按計劃工作所帶來的情緒和身體上的不同後果。當你做過這一番思量後，只管做你認爲最好的，不必後悔或優柔寡斷。

8.建立行動檔案

可以每日記下你的成就並以此給自己嘉獎，也可以原諒自己

的退步並做好與拖延習慣鬥爭的下一個計劃。在記事簿中，明確自己的藉口，與自己辯論一番，然後根據工作給自己重新定位，找出消極的態度並寫下積極的可激勵自己的態度。如果非常煩惱，不妨在記事簿中寫下所有的沮喪。如果你犯了個錯誤，可寫下從中學到的有趣和有益的東西。

29 快速決策，克服延遲

延遲是工作效率的大敵，快速決策是提高工作效率的法寶。看準方向，迅速做出決定，可以避免拖延，有利於抓住時機，進而提高工作效率。

一個人的成功與他善於抓住有利時機、果斷做出決策息息相關。不管事情大小，果斷出擊總比怨天尤人、猶豫不決更為有益。果斷決策、絕不拖延是成功人士的作風，而猶豫不決、優柔寡斷則是平庸之輩的共性。

一個人持不同的態度做事，就會產生不同的結果。一個人具備了果斷決策的能力，必然會在殘酷而又激烈的競爭中創造出輝煌的業績。所以，只要我們排除猶豫不決的工作態度，果斷採取行動，就能達到我們預期的目的，不斷地走向成功。

1989 年，美國清晰頻道傳播公司擁有 16 個電臺，而到了 2009 年，該公司擁有 1200 個電臺和 36 家電視臺，收入年均增長率達 67%。公司總裁兼 CEO 馬克一語道破一個中緣由：「我們特別重視

快速決策。」決策有多快呢？舉個例子，在說服另一家公司把幾百個電臺賣給他們後，不到 5 天，他們就簽了總金額達 235 億美元的合約。馬克說：「一旦行動，我們快得像閃電一樣。」

選擇好方向，方向找對了就是一個成功的開始，而好的開始則是成功的一半。

比爾·蓋茨在中學時代就是一個凡事比同齡人先行一步的孩子。老師佈置寫一篇千字左右的作文，比爾·蓋茨卻一口氣寫了十幾章。

他所做的最重要的決策莫過於：退學從商。哈佛大學是無數人夢寐以求的學府，而考上哈佛大學的比爾·蓋茨卻在大三時毅然決然地退學了。這不是普通人能夠擁有的決心和勇氣，但也只有擁有這樣的決心和勇氣的人，才可能成為非凡的人物。

剛剛 20 歲的比爾·蓋茨就對電腦十分感興趣，他深信，總有一天電腦會像電視一樣走入千家萬戶。他堅定的信念不但打動了自己，還打動了夥伴，打動了父母。

試想一下，假如比爾·蓋茨依然在哈佛深造，學習課本上千篇一律的東西，他還有可能革新電腦界嗎？也許他會成為一名白領，但不可能成為一個改變世界的人物。

他曾經說過這樣一句激動人心的話：「人生是一場大火，我們每個人唯一可做的就是從這場大火中多搶救一點東西出來。」

本著這種人生短暫如花火的信念，他及時地做出了讓自己成功的決策。

雖然有時錯誤的決策會造成危害，但是「拖而不決，決而不定」所造成的危害可能更大。時間就是市場，先機就是成功，長時間地猶豫不決，只會錯失良機。從另一方面講，快速決策過程

節省了大量的時間，為有效應對競爭環境的變化創造了有利的條件。

有時候，時間上的超前，甚至比萬無一失的正確，更有價值。

30 即時處理，立即行動

即時處理，立即行動，表現的是一種主動性，這有利於快速地完成任務。懷著立即行動的態度去工作，我們的工作效率將是高效的。

有時我們忙得會筋疲力盡，這時你可能忍不住對自己說：「我為什麼要這麼累呢？有些事情不如留到明天再去做好了。」然而這種想法卻是不可取的。「即時處理」就是一旦決定了自己要做的事，不管它是什麼事，立刻就動手去做、去實施。「立刻」這一點是至關重要的。效率專家指出，在同樣的時間內，用同樣的力氣做盡可能多的事情的最佳方法就是「即時處理」，也就是立即動手。立即動手，這不僅省去了記憶、記載或從頭再幹的功夫，而且解除了把一件事總掛在心上的包袱。

如果一個美容院或髮廊經理，對一切事務性的工作都採取即時處理的原則，那麼就省去了對同一件事再做第二次、第三次的工夫。如果有客人投訴需要答覆，就應該在瞭解完事情經過後，立刻回答顧客，如果拖延幾天再處理，就得再和顧客談一次，也增加了店裏的負面影響，當然也就多費了一番工夫。

對於能夠遵循即時處理原則的人，不但做起事來得心應手，而且還能輕鬆愉快、卓有成效地做好工作。因為他們已經養成了一種習慣，即凡是必須幹的事就要馬上處理完畢。

立即行動的習慣也就是立即把思想付諸行動的習慣，這對於提高工作效率來說是必不可少的。

那麼，怎樣培養立即行動的習慣呢？

1. 不要等到條件都具備了才開始行動

如果你想等條件都具備了才開始行動，那很可能你永遠都不會開始，因為想把條件都具備了是件很難的事。在現實世界中，沒有完美的開始時間。我們必須在問題出現的時候就行動起來，並把它們處理好。

2. 做一個實幹家

我們要注重實踐，不要只是空想。一個沒被付諸行動的想法，在你的腦子裏停留得越久越會變弱，過些天后其細節就會隨之變得模糊起來，幾星期後你就會把它給全忘了。在成為一個實幹家的同時，你可以實現更多的想法，並在其過程中產生更多新的想法。

3. 用行動來克服恐懼、擔心

在演講中，最困難的部份就是等待自己演講的過程，即使是專業的演講者和演員也會有表演前焦慮、擔心的經歷。但是一旦開始表演，恐懼也就消失了，行動是治療恐懼的最佳方法。萬事開頭難，一旦行動起來，人就會建立起自信，事情也會變得簡單。

4. 機械地發動你的創造力

人們對創造性工作最大的誤解之一就是，認為只有靈感來了才能工作。如果你想等靈感給你一記耳光，那麼你能工作的時間

就會很少。與其等待,不如機械地發動你的創造力。

5. 先顧眼前

不要煩惱上星期理應做什麼,也不要煩惱明天可能會做什麼,要把注意力集中在你目前可以做的事情上,因為你可以左右時間只有現在。如果你過多思考過去或將來,那麼你是在浪費時間和精力,因為過去的事永遠也不會改變,明天或下週的事可能永遠都不會發生的。

31 做事要快速,有速度才有效益

有的人遇事常細思量,做事節奏慢,還拉整個團隊的後腿。我們需要速度,需要快速工作的能力。在瞬息萬變的職場中,最珍貴的是速度,想要提高工作效率,就要快速地完成工作。

一個龐大的組織要想有競爭力,它必須有速度,有自信。速度,不是要你以「光速」前進,只是要快些。不妨先慢下來,好好看看你的對手怎樣做事,然後問問自己:「我能不能花一半時間就完成它?」

傑克‧韋爾奇要求他的員工們列舉 20 件每星期工作 70 小時才能完成的工作。他說:「我敢打賭,其中至少有 5 個是『垃圾工作』,可以砍掉。」

什麼是「垃圾工作」呢?我們的世界正在經歷的是數據爆炸,而非信息爆炸。各種數字、要素增加了,但它們大多數是沒有價

值的。換句話說,每一個人都得去判斷那些成堆的報告上的事實、圖表、數據對公司的未來是否真的意味著什麼。數據除了是一種複印過的紙以外,沒有任何意義,所以它無異於「垃圾工作」。為了提高速度,就得砍掉「垃圾工作」。我們需要學會與他人合作,相信集體,而不是一味地強化個人控制與相信數據。

可以說,不能認同速度就不會有動力,就不會有效率。信息是時效,今天是新聞明天就是雜談;市場是賽跑的,你無我有,你有我優,比的就是誰最快推出到市場;創新就是比別人率先推出與眾不同;海鮮價賣得就是早上那一個小時。時間就是生命,速度就是效益。有句話說:「這個世界就是大魚吃小魚,快魚吃大魚。」速度決定了成敗的關鍵。

速度不會以人的意志為轉移,不斷修正工作方式與方法才是真正要做的。因此,有時間指手畫腳、誇誇其談,不如趕快行動起來,發現失誤及時修正,或者乾脆放棄,需要的就是這樣的速度。少花時間、少花成本,發現失誤及時更正,這樣就能做到多、快、好、省。

無論什麼工作都會有一個截止時間,沒有截止時間的工作便不成其為工作,而只能是興趣和愛好。所以,當你的上司吩咐你做一項工作的時候,一定會告訴你一個截止的時間:「在××號之前完成。」如果沒有這樣告訴你,那是上司忘記說了,你要自己主動確認。

這裏要奉勸一句:一定要趕在截止日期之前提前完成,那怕是提前一天也好。與其遵守時日追求完美,不如提前迅速完成,那怕是「拙速」也沒有關係,這一點是關鍵。因為儘快提交給上司,得到上司的意見更為重要。

如果拖到規定的時間才提交，上司雖然感到不滿意也能過關，或者也許還會親自動手修正一下。但不管怎樣，都只會給上司留下這樣一個印象：「他怎麼才交上來？」如果提前一兩天提交，就會得到上司具體的指示：「這裏和這裏，再改正一下。」然後只要更正一下被指出來的部份就可以了。於是，你在上司眼中的印象就會得到好轉：「這人做事很快！」

32 提高自己的工作技能

扎實的理論知識可以指導我們的工作，並能轉化成工作效率。多學理論知識，並非只學本專業的理論知識，熟練掌握與本職工作相關的各方面的知識，也有助於工作效率的提高。

在知識經濟時代日益激烈的人才競爭中，熟練掌握相關專業知識和技能的求職者將立於不敗之地。雖然德才兼備的人不一定都能獲得成功與輝煌，但成功輝煌者肯定是德才兼備的人。「德」是素質，「才」就是專業理論知識。有了扎實的專業理論知識，就為提高工作能力打下了一個堅實的基礎。

要想提高自身的工作能力，優化專業知識結構，提高自身的專業知識和專業技能是最根本的。

無論在那個公司，一個人的工作技能高，動手能力強，那麼他就會有更多的加薪機會和晉升的機會。所以，提高自己的專業技能，無論何時都是尤為重要的。

　　如今，如何儘快提升自身技能以獲得競爭優勢，是我們都應重視和學習的問題。有很多工作是專業性很強的，例如醫生、技工、研究人員，一旦有什麼技術疏忽，造成的後果是不堪設想的；但要是掌握了必要的工作技能，事情也許就會化險為夷、化危為安。

　　秦先生所從事的行業屬於高溫高壓、易燃易爆、有毒有害的高危行業，別看工廠裏表面上平靜，但他們都就像坐在火山口上，絲毫都不能大意。要想把工作做好，必須有扎實的理論功底武裝頭腦，有精湛的操作技能掌握在手。這樣，遇到突發的生產波動異常情況，才能及時判斷並正確處理，確保裝置安全平穩運行。

　　有一次秦先生當班，公司電網因雷雨天氣出現波動，公司裝置的十多台機泵出現異常，情況非常緊急。他沉穩應對，迅速安排各崗位操作員啟動事故預案。當他發現有兩台機泵無法正常啟動時，一邊火速聯繫電工前來處置，一邊馬不停蹄地對某化學物質輸送實行改線，確保流程暢通。由於處理得當，未造成事態擴大和品質波動等嚴重後果。現在他回想起來，覺得是技術過關幫了大忙。

　　其實不僅僅是技術類的工作需要具備必要的工作技能，任何工作要想把它做好都是要求有一定的工作技能的。

　　有一個公司老闆聘用了一個年輕人做他的司機，年輕人的工作很輕鬆，而且每月可以按時領取屬於自己的那一份工資。

　　換了別人就會過一種優哉遊哉的日子，但這個年輕人卻不同。他並不滿足於此，經常為老闆寄發一些郵件，處理一些手頭上的問題。這樣一來，他對老闆公司的一些業務也瞭解了很多。漸漸地，當老闆有事情脫不開身的時候，就會讓他代為處理。為

了瞭解公司業務更多的信息，他還在晚飯後回到辦公室繼續工作，不計報酬地幹一些並非自己分內的工作，而且在超越自己的工作範圍外也力求做得更好。

有一天，公司負責行政的經理因故辭職，老闆自然而然地就想到了他。在沒有得到這個職位之前他已經身在其位了，這正是他獲得這個職位的重要原因。當下班的鈴聲響起之後，他依然坐在自己的崗位上，在沒有任何報酬承諾的情況下，依然刻苦訓練，最終使自己有資格接受這個職位，並且使自己變得不可替代了。

如果不是他之前的努力，他是不能勝任行政經理這個職位的。瞭解業務信息，處理業務信息，也是一種工作技能。沒有這項技能，沒有這個工作能力，他就不會有機會得到老闆的青睞。

無論你目前從事那一項工作，一定要使自己多掌握一些必要的工作技能。在主動提高自己的工作技能時，你應當明白，自己這樣做的目的並不是為了獲得金錢上的報酬，而是為了使自己將來發展得更好。更重要的是，你必須多掌握一些必要的工作技能，然後才能在自己所選擇的終身事業中，成為一名傑出的人物。

現代社會講求高效率、高速度，激烈的競爭和快速的變革，使企業對人才的要求越來越高，各行各業都急需高素質、職業化的專業人才。如果你想提升自己在上司心目中的地位，就要掌握必要的工作技能。因為必要的工作技能就是工作能力，能夠提高工作效率。那個上司不喜歡工作能力強、工作效率高的人呢？

活到老學到老，學習是一輩子的事情。培養學習能力，不斷進取，才能取得成就。學習能力也是一種工作能力，學習能力強，有助於提高工作效率。

隨著工作壓力的不斷增加，我們難免會接觸到很多新的工作

領域。越來越多的挑戰需要我們去面對。所以，工作之餘進行自我充電是非常必要的。培養良好的學習能力，對我們的工作是很有好處的，它能很快提高工作能力，讓我們面對工作能夠遊刃有餘。

充電可以秘密自學、廣泛地閱讀書籍。你可以選擇內容各異的書籍，去主動購買或者從圖書館借閱。從當下流行的名人傳記到純文學的長篇小說；從企業管理到一些地理類的專業圖書；從趣味盎然的民間故事到景色秀麗的旅遊勝地集錦……大量閱讀書籍能讓你吸收足夠的養分，在豐富你業餘生活的同時也會增加你的見識、擴展你的思維空間。在與外界交流時你會更自信，你會由一個沉默寡言的人變成一個能說會道的、有見解的人。

最有效率的學習狀態就是身心放鬆，精神集中。也只有保持這種精神集中的放鬆狀態，才能確實掌握學習的內容，並且牢記在心，適時地運用到工作當中。

那麼，為了進入集中精神的放鬆狀態，該怎麼做呢？

首先，要保持良好的注意力。

一個人注意力渙散了或無法集中，心靈的門戶就關閉了，一切有用的知識信息都無法進入。正因為如此，「天才，首先是注意力。」所以，不管是學習還是工作，提高效率的關鍵都在於「精神集中」。保持良好的注意力，是大腦進行感知、記憶、思維等認識活動的基本條件。在學習的過程中，注意力是打開我們心靈的門戶，而且是唯一的門戶。門開得越大，學到的東西就越多。在正常情況下，注意力使我們的頭腦活動朝向某一事物，有選擇地接受某些信息，而抑制其他活動和其他信息，並集中全部的心理能量用於所指向的目標。因而，良好的注意力會提高工作與學習

效率。

其次，要善於排除干擾。

在這裏要排除的不是環境的干擾，而是內心的干擾。因為內心的干擾常常比環境的干擾產生的不良影響更嚴重。環境可能很安靜，在工作學習中，週圍的人都很安靜地坐著。自己內心卻有一種無名的騷動，有一種與學習不相關的興奮。它干擾著我們的情緒活動，讓我們不能安下心來好好學習。對於各種各樣的情緒活動，我們要善於將它們放下來，讓它們消失於無形。例如，可以試著端坐下來，使身體放鬆下來，並且使整個面部表情都放鬆下來，也就是將內心各種情緒的干擾隨同這個身體的放鬆都放到一邊。

如果你確實想做一個讓老闆和自己都很滿意的現代都市人，就要具備任何情況下都能夠集中自己注意力的素質和能力。訓練自己，你就不但能夠排除環境的干擾，同時也能夠排除自己內心的干擾。讓注意力集中，就是在提高自己的學習能力，進而提高工作能力。學習能充實自己內心，豐富自己的內涵。

學歷或者學力，不僅僅指實際的文憑，也應該是學習能力的彙集。單憑一紙文憑什麼能力也沒有，那樣的人是很難找到好工作的。要有文憑又要有能力，更要讓自己總是處於學習之中，不斷地給自己全方位充電。這也是個人工作能力的一種遞增，讓你會在未來的工作裏走得更加從容。

運用積極目標的力量，就是給自己設定一個要自覺提高自身注意力和專注能力的目標。有了這個目標，你就會發現，你在非常短的時間內，集中注意力這種能力有了迅速的提高。不論做任何事情，能深入進去，不受干擾，是非常重要的。

我們知道，在軍事上把兵力漫無目的地分散開，被敵人各個圍殲的，是敗軍之將。這與我們在學習、工作和事業中一樣，將自己的精力漫無目標地鋪撒一片的人，肯定會是一個失敗者。學會在需要的任何時候將自己的力量集中起來，提升自己的學習能力，進而提高工作能力，提高工作效率。這是善於工作的人的天才品質。

33 提升自己的團隊合作能力

現在越來越多的工作，需要團隊合作來共同完成。團隊合作模式，更強調團隊中個人的創造性發揮和團隊整體的協同工作，這樣更能提高工作效率。團隊合作能力，有時甚至比專業知識更為重要。

隨著現代社會的發展，職業分工也越來越細，一個人單打獨鬥的時代已經成為過去，越來越需要集體的合作。個人的能力再強，也不能離開團隊這個大的氣氛。因此，培養團隊合作能力是非常必要的。在團隊工作中，要學會欣賞。很多時候，同處於一個團隊中的工作夥伴常常會起內訌，尤其是因某事分出高低時，落在後面的人心裏就會酸溜溜的。所以，每個人都要先把心態擺正，用客觀的眼光去看待工作夥伴的能力，要用同樣客觀的眼光去看待自己的能力。那怕同伴有一點點比自己好的地方都是值得欣賞和學習的。當然，也要學會欣賞自己。

　　欣賞團隊裏的每一個成員，就是在為團隊增加助力；改掉自身的缺點，就是在消滅團隊的弱點。欣賞是培養團隊合作能力的第一步。每個人都可能會覺得自己在某個方面比其他人強，但你更應該將自己的注意力放在他人的強項上。因為團隊中的任何一位成員，都可能是某個領域的專家。

　　團隊的工作效率在於每個成員配合的默契程度，而默契來自於團隊成員的互相欣賞和熟悉，最主要的是揚長避短。如果達不到這種默契，團隊合作就不會有什麼業績，更體現不出團隊工作的積極意義。寬容是團隊合作中最好的潤滑劑，它能消除分歧和戰爭。試想一下，如果你衝別人大發雷霆，即使過錯在對方，誰也不能保證他不以同樣的態度來回敬你。這樣一來，矛盾自然也就不可避免了。反之，你如果能夠以寬容的胸襟包容同事的錯誤，驅散彌漫在你們之間的火藥味，相信你們的合作關係將更上一層樓。

　　在一個團隊中，要尊重團隊裏的每一個成員。一個團隊要營造出和諧融洽的氣氛就要彼此尊重，使團隊資源形成最大限度的共用。而如果一個團隊中的每一個成員都能夠將彼此的知識、能力和智慧共用，那麼，無疑整個團隊的工作能力就會得到很大的提高。

　　尊重是團隊成員在交往時的一種平等的態度。平等待人，有禮有節，既尊重他人，又儘量保持自我個性，這是團隊合作能力之一。團隊是由不同的人組成的，每一個團隊成員首先是一個追求自我發展和不斷自強的個體人，然後才是一個從事工作、遵從職業分工的職業人。尊重意味著尊重他人的個性和人格，尊重他人的興趣和愛好，尊重他人的感覺和需要，尊重他人的態度和意

見，尊重他人的權利和義務，尊重他人的成就和發展。只有團隊中的每一個成員都尊重彼此的意見和觀點，尊重彼此的技術和能力，尊重彼此對團隊的全部貢獻，這個團隊才會得到最大的發展，而這個團隊中的成員也才會贏得個人的最大成功。只有團隊成員相互之間不產生距離感，合作時才會更加默契，從而使團隊效益達到最大化。

要提高自己的團隊合作能力，就要與隊員們相互信任。信任是整個團隊能夠協同合作的十分關鍵的一步。如果團隊成員彼此間沒有充分的信任，就會喪失彼此合作的基礎，整個團隊也就團結不起來，這樣子的團隊很容易被擊垮。

高效團隊的一個重要特徵，就是團隊成員之間的相互信任。也就是說，團隊成員彼此相信各自的品格、個性、特點和工作能力。這種信任可以在團隊內部創造高度互信的互動能量，使團隊成員樂於付出激情與能力。這樣往往使人們願意承擔在團隊裏應該承擔的責任。

溝通能力在團隊工作中是非常重要的，現代社會是個開放的社會，當你有了好想法、好建議時，要儘快讓別人瞭解、讓上級採納，為團隊做貢獻。否則，不論你有多麼新奇的創意和絕妙的想法，如果不能讓更多的人去理解和運用，那就幾乎等於沒有。持續的溝通使團隊成員能夠更好地發揚團隊精神。團隊成員唯有從自身做起，秉持對話精神，有方法、層次地發表意見並探討問題，彙集經驗和知識，才能凝聚團隊共識，激發自身和團隊的力量。

在團隊中，培養團隊合作能力，可以讓自己和其他隊員都能夠不斷地釋放自己的潛在才能和技巧。大家都能在各自的崗位上

找到最佳的協作方式，這會讓團隊整體的工作能力上升，會很自然地提高工作效率。所以，爲了團隊共同的目標，一定要提高自己的團隊合作能力。

34 擬定一份合理的工作計劃

在工作中，擬定一份合理而科學的工作計劃，才不會在雜亂無章的「工作堆」中無所適從，才能安排好工作進程，進而提高工作效率。

古代孫武曾說：「用兵之道，以計爲首。」其實，無論是單位還是個人，無論辦什麼事情，事先都應有個打算和安排。有了計劃，工作就有了明確的目標和具體的步驟，才能增強工作的主動性，減少盲目性，使工作有條不紊地進行。

同時，計劃本身又是對工作進度和品質的考核標準，對自我有較強的約束和督促作用。所以，計劃對工作既有指導作用，又有推動作用，做好工作計劃，是建立正常的工作秩序，提高工作效率的重要手段。

那麼，制定一份工作計劃要注意到那些內容呢？

1.計劃合理但要具挑戰性

制定工作計劃的原則是目標合理，具有挑戰性，切勿好高騖遠。如何避免好高騖遠，設定合理的目標呢？多數人在制定計劃時不會想到自己的缺點，建議你可以找你的家人、好友，或是較

熟的同事與上司，請他們檢視你設定的目標是否太過理想？制定的計劃有沒有避開或改善自己過往的缺點？

　　計劃為什麼要具有挑戰性？上司不會希望你只是去設定你原本就可以達到的目標，他會期待你在未來的一年，無論在工作上或學習上都能有所突破，所以，雖然要避免好高騖遠，但也得設定自我挑戰的計劃。

2.目標數字化，行動具體化

　　有了上述的準備與調整，接下來就進入實際制定工作計劃的步驟：

　　(1)目標數字化。只有形容詞的空泛目標是沒有意義的，所以要把工作計劃的目標與內容數字化，例如時間化、數量化、金額化。

　　(2)行動具體化。有了數字化的工作目標，還要附帶有效的執行計劃。

　　(3)學習計劃。你應該同時制定年度的自我學習計劃。公司對員工自我學習通常是持正面的看法，有些公司甚至規定學習計劃是工作計劃應具備的項目。

　　(4)與主管面對面溝通。完成工作計劃後，一定要面對面地與上司溝通，而不是只用電子郵件把工作計劃傳送給上司。面對面溝通的好處，是你可以透過上司的表情與肢體動作，更清楚地瞭解上司對你各項工作計劃的看法。你也可以借由面對面的機會，告訴上司你的中長期目標，例如兩年內希望從技術部門調往行銷部門，或是 3 年內希望擔任主管職等，請上司針對工作計劃與學習計劃，給予建議。

　　總之，不要把制定工作計劃當作是交差了事的例行事項，應

該借這個機會，重新檢視自己的職場生涯計劃。

一份合理的工作計劃是在科學預測的基礎上，對未來一定時期內的工作做出的合理安排。職場中制定一份合理的工作計劃，會讓你在繁忙的工作中張弛有度，進而提高效率。

那麼，怎麼制定一份合理的工作計劃呢？你需要掌握以下幾項要素：

1. 工作內容

計劃應規定出在一定時間內所完成的目標、任務和應達到的要求。任務和要求應該具體明確，有的還要定出數量、品質和時間要求。

2. 工作方法

要明確何時實現目標和完成任務，就必須制定出相應的措施和辦法，這是實現計劃的保證。措施和方法主要指達到既定目標需要採取什麼手段，動員那些力量與資源，創造什麼條件，排除那些困難等。總之，要根據客觀條件，統籌安排，將「怎麼做」寫得明確具體，切實可行。特別是針對工作總結中存在的問題要進行認真的分析，擬定解決問題的方法。

3. 工作分工

工作分工是指執行計劃的工作程序和時間安排。

每項任務在完成過程中，都有階段性，而每個階段又有許多環節，它們之間常常是互相交錯的。因此，制定計劃必須胸有全局，妥善安排，那些先幹，那些後幹，應合理安排。而在實施當中，又有輕重緩急之分，那是重點，那是一般，也應該明確。

在時間安排上，要有總的時限，又要有每個階段的時間要求，以及人力、物力的安排。這樣，使有關單位和人員知道在一定的

時間內，一定的條件下，把工作做到什麼程度，以便爭取主動，有條不紊地協調進行。

4.工作進度

對於工作進度，要明確寫明什麼時間開始做，什麼時間內完成。任何事務都不是一成不變的，我們制定計劃的目的是為了明晰目標和方向，那麼在實際工作中就不能本末倒置，為了做計劃而做計劃，還應該與時俱進，根據事務的發展及時進行調整，才能達到適合的效果。

正如一位大師所說：「通過設計，我們就像尋找到了一幅精確的地圖，所有的道路都清晰地標明出來了，那麼我們所需要做的，就是選擇道路，然後沿著道路前進！」計劃的重要性也是如此，將計劃與變化有機地結合起來，我們就能既按照計劃走，又不拘泥於計劃本身，能創造更多的效益。

35 抓住工作重心，使工作井然有序

在工作中，抓住了工作重心，就能舉重若輕，將繁雜的工作井然有序地一一處理掉。把握好了工作重心，不但可以提高工作效率，還可以有效地化解工作壓力。

很多人都有過這樣的感受，就是常常被自己想做的，上司要求我們做的，以及自己擔負的許多細小的工作弄得精疲力竭，甚至有種疲於奔命的感覺。然而一旦抓住了工作重點，就能舉重若

輕，綱舉目張地把事情一一化解，即使面對繁雜的工作，也能保持忙而不亂、井然有序的工作狀態。

我們可以把抓住工作重點比喻成「點燈理論」。假設我們有10盞燈需要點亮和管理，如果不會分配管理的話，可能等我們點著第10盞燈的時候，前面9盞都已經滅了。那麼我們應該怎麼做呢？我們先要找一盞我們認為需要優先點亮的燈先點著，然後花足夠的精力把這盞燈管理好，無非就是加足夠的油，看看燈芯的品質是否好，然後再看看有沒有資源給加個燈罩來防風。等我們覺得第一盞燈可以不用我們太費心就能保持亮著的時候，我們就要開始考慮去點亮下一盞燈。

當點亮的燈越來越多的時候，我們對已經點亮的燈只做一件事情，就是去看看每盞燈是否有足夠的油，燈芯還能支撐多少時間，這些工作不用佔用太多的時間，我們主要把精力花在新需要點的燈上即可。當然也有例外的時候，例如發現有一盞燈已經出了很大的問題，而且這盞燈的位置也很重要，如果是這樣的話，我們就要優先把這盞燈處理好，然後再去管別的燈。

查理斯·舒瓦普曾會見效率專家艾維·利。會見時，艾維·利說自己的公司能幫助舒瓦普把他的鋼鐵公司管理得更好。舒瓦普說他自己懂得如何管理，但事實上公司不盡如人意。可是他說自己需要的不是更多的知識，而是更多的行動。他說：「應該做什麼，我們自己是清楚的。如果你能告訴我們如何更好地執行計劃，我聽你的，在合理範圍之內價錢由你定。」

艾維·利說可以在10分鐘內給舒瓦普一樣東西，這東西能使他的公司的業績提高至少50%。然後他遞給舒瓦普一張空白紙說：「在這張紙上寫下你明天要做的6件最重要的事。」過了一會

兒又說:「現在用數字標明每件事情對於你和你的公司的重要性次序。」這花了大約 5 分鐘。艾維·利接著說:「現在把這張紙放進口袋，明天早上第一件事是把紙條拿出來，做第一項。不要看其他的，只看第一項。著手辦第一件事，直至完成為止。然後用同樣方法對待第二項、第三項……直到你下班為止。如果你只做完第一件事，那不要緊，你總是做著最重要的事情。」艾維·利又說:「每一天都要這樣做。你對這種方法的價值深信不疑之後，叫你公司的人也這樣幹。這個試驗你愛做多久就做多久，然後給我寄支票來，你認為值多少就給我多少。」

幾個星期之後，舒瓦普給艾維·利寄去一張 2.5 萬元的支票，還有一封信。信上說從錢的觀點看，那是他一生中最有價值的一課。後來有人說，5 年之後，這個當年不為人知的小鋼鐵廠一躍而成為世界上最大的獨立鋼鐵廠，而其中艾維·利提出的方法功不可沒。這個方法最少為查理斯·舒瓦普賺得 1 億美元。

一位職場成功人士說:「凡是優秀的、值得稱道的東西，每時每刻都處在刀刃上，要不斷努力才能保持刀刃的鋒利。」當我們確定了事情的重要性之後，不等於事情自然會辦得好。我們或許要把它們擺在第一位，這肯定要費很大的勁，但這是我們必須做的事。只要我們做到了這一點，並統籌安排這些事情，就一定會獲得驚人的回報。

36 按工作的輕重緩急來處理工作

工作有輕重緩急之分，只有分清那些是最重要的並把它做好，工作才會變得井井有條，卓有成效。按照工作的輕重緩急來處理工作，是提高效率的最好方法。

在職場上，許多人做工作分不清那個更重要，那個更緊急。他們以爲每個任務都是一樣的，只要時間被忙忙碌碌地打發掉，就算完成任務了。他們在緊急但不重要的事情和重要但不緊急的事情之間，經常做出不明智的抉擇。這正如法國哲學家布萊斯・巴斯卡所說：「把什麼放在第一位，是人們最難懂得的。」對這些人來說，這句話不幸而言中，他們完全不知道怎樣把人生的任務和責任按重要性排列。

職場上的成功人士，都是明白輕重緩急的道理的，他們在處理一年、一個月或一天的事情之前，總是按分清主次的辦法來安排自己的時間。

一個人對事情的先後順序的處理，會直接影響到工作績效。平庸的人往往把那些容易的事情放在最前面，而優秀的人則把那些最重要的、最能帶來價值的事情放在前面。所以，我們經常看到兩個人可能同樣忙碌，但因爲對事情排列的順序不同，所以達到的成就也就大不一樣了，這就是因爲個人的時間習慣不同而產生的區別。

我們都知道，時間就是效率，時間就是金錢，時間就是生命……世界幾乎每分每秒都在進步，但我們一天還是只有 24 小時。最成功和最不成功的人一樣，一天都只有 24 小時，但區別就在於他們如何利用這所擁有的 24 小時。條件基本相同的兩個人同時面對相同的工作量，有的焦頭爛額，而有的輕鬆自如，問題出在那裏呢？出在是否能夠分清工作的輕重緩急。

如果想在工作中幹出成績，就必須分清所做的工作的輕重緩急，若沒有章法，鬍子眉毛一把抓，是絕不會有什麼好的結果的。

我們在處理事務時，應當將所有的事務先按優先次序排列好，這樣在處理事務時才能條理清晰，做到未雨綢繆。在處理工作事務中，應該集中精力解決重要緊急的事務，對重要不緊急的事務進行一個長時間的解決計劃，對於緊急不重要的事務應該努力去做好或者授權給別人做，對於不緊急不重要的事情授權給別人做或者不予理會。

有句話說得好：「重要之事絕不可受芝麻綠豆小事的牽絆。」要集中精力於緊急的要務，就要排除次要事務的牽絆。如果不斷地被一些次要事務所干擾，那麼就會阻礙你向目標前進的腳步。

成功學大師卡耐基曾花 20 萬美金買了一個管理方法，即每天上班前或在前一天晚上依次記下新的一天需要做的最重要的 6～8 件事，分為重要而又緊急、重要而不緊急、緊急而不重要、不重要也不緊急，並依次努力地去做好，而不拖到第二天。

那些取得卓越成績的人，辦事效率都非常高，這是因為他們能夠利用有限的時間，高效率地完成至關重要的工作。任何工作都有主次之分，如果不分主次地平均辦理，在時間上就是一種浪費。所以，在關鍵部位，在主要工作上，我們要集中全部精力，

才能將其做到最好。總之，不管做什麼工作，我們都要從全局的角度來進行規劃，將工作分出輕重緩急，集中時間先辦大事，堅持「要事第一」的做事原則。把工作分出輕重緩急，條理分明，我們才能在工作中遊刃有餘，事半功倍。

哈佛商學院可謂如今美國最大、最富、最有名望、最具權威的管理學院。它每年招收 750 名兩年制的碩士研究生、30 名四年制的博士研究生和 2000 名各類在職的經理進行學習和培訓。在他們的教學中，經常給學生講述一種很有效的做事方法：80 對 20 法則。即任何工作，如果按價值順序排列，那麼總價值的 80%往往來源於 20%的項目。簡單地說，如果你把所有必須幹的工作，按重要程度分爲 10 項的話，那麼只要把其中最重要的 2 項幹好，其餘的 8 項工作也就自然能比較順利地完成了。所以，要把手中的事情處理好，就要拋開那些無足輕重的 80%的工作，把自己的時間、精力全部集中在那最有價值的 20%的工作中去，這會給你帶來意想不到的收穫。

在職場中在做事的時候，應該學會運用這個方法，以重要的事情爲主，先解決重要的問題，對於一些旁枝末節，可以大膽地捨棄。要知道，科學地取捨能夠幫助我們把事情做得更好，更有效率。

心得欄

- -

- -

- -

- -

37 具備解決問題的能力

　　在日常在工作中，遇到各種問題和困難是正常的。工作中的問題和困難是職場上的試金石，沒有必要退縮，更沒有必要害怕。只有有效地解決了各種問題並克服各種困難，才會進一步提高工作效率。

　　在工作中，我們要始終懷著「任何問題都有解決的辦法」的態度去面對問題。只要正確分新問題，那麼任何問題都會找到解決的辦法。相信辦法總比困難多，找到解決問題的辦法，必定會提高工作效率。

　　無論什麼事情，我們總有選擇的權利，而且不止一個。「沒有辦法」會使事情畫上句號，「總有辦法」則使事情有突破的可能。「沒有辦法」對我們沒有好處，叫做「有百害而無一利」，應停止想它；「總有辦法」對我們有好處，是有百利而無一害，故應把它留在腦中，時刻記住。遇事先要做的是找解決的辦法，而不是退縮。

　　對有些人而言，至今不成功，只是說至今用過的方法都達不到預想的效果。沒有辦法，或者說缺少辦法，只是說已知的方法都行不通。世界上還有很多我們過去沒有想過，或者是尚未被我們認識的方法。只有相信尚有未知的有效辦法，才會使我們有機會找到它，從而使事情發生改變。

在沉浮的職場中，成功快樂的人所擁有的思想和行為能力都是經過一個過程而培養出來的。在開始的時候，他們與其他人所具備的條件一樣，只是他們在面對困難時善於尋找解決的方法而已。有能力給自己製造出困擾的人，也有能力為自己消除困擾。其實，人類只用了大腦能力的極少部份，增加對大腦的運用，很多新的突破便會出現。增加運用大腦的能力，我們將比以前更容易提升效率。

在工作中，真正能做到「帶著解決方案來提問題，辦法總比困難多」工作態度的人很少。與其光說，光分析，不如自主創新，尋找突破口。有創新才有發展，有學習才有進步。

要不斷學習，不斷創新，創造性地解決問題，這樣才能有效地提高工作效率。相信問題總有解決的辦法，這才是理想的工作態度。

38 懂得求得他人的幫助

向他人求助是一門學問，也有許多好處。在工作中，求得別人的幫助，可以快速、有效地解決問題，進而提高工作效率。當然，要懂得求助他人，也要懂得幫助他人。

尺有所短，寸有所長。曾有位博士生頗有感慨地對朋友說：「在這個競爭的社會裏，什麼人都不能忽視。」的確，在一個大集體裏，幹好一項工作，佔主導地位的往往不是一個人的能力，關鍵

是各成員間的團結協作配合。可以說，團結大家就是提升自己，因為別人會心甘情願地教會你很多有用的東西。一個只會為自己工作、平時獨來獨往的人，不會給企業帶來什麼業績。

一個瘸子在馬路上偶然遇見了一個瞎子，只見瞎子正滿懷希望地期待著有人來帶他行走。

「嘿，」瘸子說，「一起走好嗎？我也是一個有困難的人，也不能獨自行走。你看上去身材魁梧，力氣一定很大。你背著我，這樣我就可以給你指路了：你堅實的腿腳就是我的腿腳；我明亮的眼睛也就成了你的眼睛了。」

於是，瘸子將拐杖握在手裏，趴在了瞎子那寬闊的肩膀上。兩人步調一致，獲得了一人不能實現的效果。

你不具備別人所具有的才能，而別人又缺少你所具有的優勢，通過類似的互補便能彌補相互的缺陷。

據說，非洲有一種體積很大的鳥，能像鷹一樣高高地飛翔。可是在無風的天氣，人們卻可以輕易地抓到它，因為它們飛翔時是要借助一定的風力的，沒有風的時候它們是飛不起來的。只有憑藉風力，它們才能飛得又高又遠。

可見，很多時候，很多事情是要借助一定的外力才能完成和實現的。因為一個人的能力和作用畢竟是有限的。借助外力會使事情完成得更好。但是求助也不是件簡單的事情，也是要逐漸去學習的，因為你不能什麼事都去要別人幫助，也不能隨便就去求什麼人。求助也是一門學問，要在合適的時間求助合適的人。至於什麼時候求助什麼人才適合，那就要在實踐中慢慢摸索和總結了。

需要指出的是，求助別人並不是什麼丟人的事，只是一種合

作方式，生活在這個大群體中，誰也不是獨立的，都是彼此相連的，所以，求助是一件很正常的事。

　　向他人求助既能幫助自己解決問題，還能結識一些人，減少與別人的陌生感和距離。彼此求助一些事情，相互增進溝通和交流，互相瞭解更多。陌生人之間的求助會一下子縮短距離，讓人熟悉起來，互相得到幫助甚至是溫暖。所以，需要的時候，大膽地求助別人吧，不要害羞，不要顧慮，即使有過被拒絕，但還是得到的多。只要你真摯、大方、坦誠，相信一定會得到你想要的幫助的。

39 不斷進行自我反省

　　一個人之所以能夠不斷地進步，就在於他能夠不斷地自我反省，然後不斷改正。只要我們經常自我反省，就會不斷取得進步；只要我們不斷改進自我，工作效率自然就會提高。

　　「吾日三省吾身。」對於我們來說，問題不是一日三省吾身、四省吾身，而是應該時時刻刻警醒、反省自己，唯有如此，才能時刻保持清醒。

　　一個人之所以能夠不斷地進步，在於他能夠不斷地自我反省。找到自己的缺點或者做得不好的地方，然後不斷改正，以追求完美的態度去做事，從而才能取得一個又一個的成功。

　　在工作中，遭遇難題導致工作效率低下，是常有的事。在這

種時候，反省能力和自我反省精神能夠很好地幫助你找到問題的癥結，提高工作效率。

有一位善於反省、善於學習的小夥子，大學畢業後進入一家非常普通的公司工作。公司安排新員工從基層做起。其他新員工都在抱怨：「為什麼讓我們做這些無聊的工作？」「做這種平凡的工作會有什麼希望呢？」這位小夥子卻什麼都沒說，他每天都認認真真地去做每一件工作，而且還幫助其他員工去做一些最基礎、最累的工作。

由於他的態度端正，做事情往往更快更好。更難能可貴的是，小夥子是個非常有心的人，他對自己的工作有一個詳細的記錄，做什麼事情出現問題，他都記錄下來；然後，他就很虛心地去請教老員工，由於他的態度和人緣都很好，大家也非常樂於教他。經過一年的磨練，小夥子掌握了基層的全部工作要領，很快他就被提拔為工廠主任，又過了一年，他就成了部門的經理。而與他一起入職的其他員工，卻還在基層抱怨著。

不善於反省的人是可悲的，他們常常在迷茫的路途中忽視掉了正確的前進方向。

每個人都會做一些平凡的事情，包括平凡的工作。這時候，如果只抱怨他人或環境，就不可能認真去做這件事，也就不可能取得成功。如果一個人願意把自己放在一個平凡的崗位上，以自我為改變的關鍵，不斷反省自己，找到更好的方法，成功就一定在等著他。

我們在做事的時候，要持有自我反省、自我修正的態度，並以不斷的追求去實現自己美好的願望。一個善於自我反省的人，往往能夠發現自己的優點和缺點，並能夠揚長避短，發揮自己的

最大潛能；而一個不善於自我反省的人，則會一次又一次地犯同一些錯誤，不能很好地發揮自己的能力。

股神沃倫‧巴菲特在他數十年的投資生涯中，也犯過許多的錯誤，但他對待這些錯誤的態度是坦率的、明智的。他通過對錯誤的回顧、分析和總結，糾正了自己的投資策略，形成了更正確的投資理念，由此創造出了更加輝煌的投資業績。

在發現錯誤的原因之後，巴菲特和他的團隊竭力擺脫「習慣的需要」的影響，努力用減少其影響的方式組織和管理公司，並且有意識地培養好的投資習慣，「在犯了其他一些錯誤之後，我學會了只與我喜歡、信任而且敬佩的人一起開展業務。」

從自身來講，反省自我是對自身言行的思索和總結。自己說過的話、做過的事，都是自己直接經歷和體驗的，對自己的一言一行進行反省，反省不理智之思、不和諧之音、不練達之舉、不完美之事，往往能夠得到真切、深入而細緻的收穫。

反省自我，無論是對自己或者是對別人，無論對挫折還是對失敗的思考和總結，都是一筆不可多得的財富。個人的經驗教訓雖然來得更直接、更真切，但其廣度和深度畢竟是有限的。要獲得更加廣博而深刻的經驗，還要在反省自我的基礎上，善於從別人的經驗教訓中學習。

成本最低的財富是把別人的教訓當作自己的教訓。成功的經驗大多相似，失敗的原因卻千差萬別，從失敗的教訓中學到的東西，往往要比從成功的經驗中學到的更多，而且更為深刻。

40 在困難面前，絕不輕言放棄

想要提高工作效率，就離不開把工作堅持到底的決心。常以「絕不輕言放棄」的心態去工作，就會發現也許成功並不需要多大非凡的才能，只要一股堅持不懈的決心就足夠了。

一個人如果放棄某項工作，那麼就毫無工作效率而言。在工作中，說聲「放棄」實在太容易了。放棄一次工作機會的理由可以是：我還年輕，也許有更好的機會，沒有必要受這個委屈，甚至是「此處不留爺，自有留爺處」的憤然……可是，隨著一次次地放棄，自己的事業也必將支離破碎。每一個放棄者事後都會給自己再找些幸好離開放棄的原因，越說越覺得放棄的正確，但是每個成功者的成功莫不是堅持的結果。

有一位窮困潦倒的年輕人，即使當他把身上全部的錢加起來也不夠買一件像樣的西服，但他仍執著地堅持著自己心中的夢想，他想做演員，拍電影，當明星。當時好萊塢共有 500 家電影公司，他再清楚不過了。他根據自己認真劃定的路線與排列好的名單順序，帶著為自己量身定做的劇本前去拜訪。

但第一輪下來，所有的 500 家電影公司沒有一家願意聘用他。面對百分之百的拒絕，這位年輕人沒有灰心，從最後一家被拒絕的電影公司出來之後，他又從第一家開始，繼續他的第二輪拜訪與自我推薦。在第二輪的拜訪中，拒絕他的仍是 500 家。第

三輪的拜訪結果仍與第二輪相同。

這位年輕人咬牙開始他的第四輪拜訪，當拜訪完第 349 家後，第 350 家電影公司的老闆破天荒地答應願意讓他留下劇本先看一看。幾天後，年輕人獲得通知，請他前去詳細商談。就在這次商談中，這家公司決定投資開拍這部電影，並請這位年輕人擔任自己所寫劇本中的男主角。這部電影名就叫《洛奇》。這位年輕人的名字就叫史泰龍。現在翻開電影史，這部叫《洛奇》的電影與這個日後紅遍全世界的巨星皆榜上有名。

史泰龍在先後共計 1849 次碰壁面前沒有打退堂鼓，而是繼續堅持不懈，終於在第 1850 次獲得成功。

一個人絕對不可在遇到困難時背過身去試圖逃避，若是這樣做，只會使困難加倍。相反，如果面對它毫不退縮，困難便會減半。職場中遇到各種各樣的困難是在所難免的，面對困難，是想方設法戰勝它，還是繞道走？勇敢者的選擇是前者，因為只有勇敢地戰勝困難，才能獲得成功。

某大型酒店的一名主管說：「我們要用心去工作，不要輕言放棄。做事要有一種從零做起的心態，尊重同事的意見。酒店工作都是從基層做起的，我們不少部門主管都是從最基層的服務員做起，一步步通過努力走向管理層。我大學畢業剛進酒店時，做的是前臺服務員和客房服務員。即便是給客人開房等簡單工作，也常出錯，挨主管批。作為服務行業，還要經常面對一些顧客的苛刻甚至無理要求。從小到大，還從沒受到父母責罵，卻常在酒店裏遭客人無故呵斥，有時真恨不得立即脫下工作服，甩頭走人。但冷靜想想，既然選擇了這份工作，就要適應這份工作性質。而現在，經過基層服務員、大堂副理等職位的鍛鍊，我掌握了一些

處理顧客和主管間的關係，雖然還會碰到難纏的顧客，但我會靜下心來想辦法解決。」

放棄意味著將以前的積累和未來的機會一筆勾銷。於個人於企業都是如此。所以，我們沒有理由放棄。

41 遇到問題，不妨換種方法解決

在工作中，經常會遇到一些難以解決的問題，這時不妨換種方法來解決問題，往往有利於擺脫困境，更有利於提高工作效率。

在生活和工作中，很多人都非常努力，但是成效卻不盡如人意。其實，有時換一個角度思考問題，往往能夠帶來新鮮的感覺，帶來另一種分析結果，甚至改變自己的思維和判斷，讓工作、生活變得簡潔充實，充滿活力。

人生的成敗得失、高低起伏是可以相互轉化的。漫長的人生歷程中，我們一路走過，不如意事常常十之八九。但是，當遭遇困境時，重要的不是發生了什麼事，而是我們處理它的方法和態度，假如我們轉身面向陽光，就不可能陷身在陰影裏面了。

當我們工作很努力了，但是還沒有得到主管的重用，我們不要一味地發牢騷或者自暴自棄，這樣做是於事無補的，只能讓我們以前的種種努力化為烏有而得不償失。這時要冷靜下來換個角度去思考，就會發現，畢竟工作的過程就是一個學習和提高的過程，一分耕耘就自會有一分收穫的，這是一個量變和質變的過程。

得不到重用，說明我們做得還不夠努力，還沒有到位，想想自己還有那些需要改進的地方，繼續努力，時刻準備著，當機會來臨時我們就會成功了。

一位哲學家的 3 個弟子曾向哲學家求教怎樣才能找到理想的伴侶。哲學家沒有直接回答，卻帶弟子們來到一片麥田，讓他們在麥田中行進的過程中，每人選摘一支最大的麥穗，不能走回頭路，且只能摘一支。

其中一個弟子剛走幾步，便摘了自認為是最大的麥穗，結果發現後面還有更大的；第二個弟子一直是左顧右盼，東挑西揀，一直到了終點才發現，前面幾個最大的麥穗已經錯過了。

第三個弟子吸取前兩位教訓，當他走了 1/3 時，即分出大、中、小三類麥穗，再走 1/3 時驗證是否正確，等到最後 1/3 時，他選擇了屬於大類中的一支美麗的麥穗。

這個故事告訴我們，在處理問題時，要學會思考，要學會用另一種方法考慮問題，這樣你收穫的就會比別人的多。

如果你一直向上看，就會覺得自己一直在下面；如果你一直向下看，就會覺得自己一直在上面。如果一直覺得自己在後面，那麼你肯定一直在向前看；如果你一直覺得自己在前面，那麼你肯定一直在向後看。目光決定不了位置，但位置卻永遠因為目光而不同。

墨守成規者只能呼吸前行者揚起的塵土。工作中遇到困難時，一定要學會換角度看問題。一成不變地跑直線，順著一條道跑到黑，不撞南牆不回頭，甚至是撞到了南牆都不回頭，這樣等來的只會是失敗。有時換種方法來解決問題，更能提高我們的工作效率。

42 只有失敗的人，沒有失敗的行業

·······································

有句話說得好：「只爲成功找方法，不爲失敗找理由。」在遇到困難時，要善於尋找方法，而不是推卸責任。

世上沒有失敗的職業，只有失敗的人，因爲職業本身不會像人一樣進行思考。善於思考，才能提高工作效率。

在一次失敗之後，重新審視自己的職業目標是否合適非常重要。如果大方向沒錯，那就考慮你的方法或階段的目標是否合適。

目標的確立，需要分析、思考，這是一個將消極心理轉向理智思索的過程。

目標一旦確立，猶如心中點亮了一盞明燈，人就會生出調節和支配自己新行動的信念和意志力，從而排除挫折和干擾，向著目標努力。新的職業目標的確立，標誌著你已經從心理上走出了挫折，開始了下一階段的生涯歷程。

史蒂文斯曾經是一名在軟體公司幹了 8 年的程序員，正當他工作得心應手時，公司卻倒閉了，他不得不為生計重新找工作。這時，微軟公司招聘程序員，待遇相當不錯，史蒂文斯信心十足地去應聘。憑著過硬的專業知識，他輕鬆過了筆試關，對兩天后的面試，史蒂文斯也充滿信心。然而，面試時考官的問題卻是關於軟體未來發展方向方面的，這點他從來沒有考慮過，故遭淘汰。

史蒂文斯覺得微軟公司對軟體產業的理解令他耳目一新，深

受啟發，於是他給公司寫了一封感謝信。信中寫道：「貴公司花費人力、物力，為我提供筆試、面試機會，雖然落聘，但通過應聘使我大長見識，獲益匪淺。感謝你們為之付出的勞動，謝謝！」這封信後來被送到總裁比爾·蓋茨手中。3 個月後，微軟公司出現職位空缺，史蒂文斯收到了錄用通知書。十幾年後，憑著出色業績，史蒂文斯成了微軟公司的副總裁。

史蒂文斯的經歷告訴我們這樣一個道理：在這個世界上，只有失敗的人，沒有失敗的職業。

有一句名言說：「誰也不喜歡磨難，但磨難恰恰是人生最好的老師。」當失敗來臨的時候，痛苦與崩潰是無濟於事的。能從失敗中爬起來的人，才是真正的強者。

任何人都不可能只擁有成功，也不可能只擁有失敗。其實，成功和失敗在同一軌跡上，它們是一對孿生兄弟，總是相伴而生。既然通向成功的道路都不可能平坦，那就不要因懼怕而逃避失敗。

如果一遇到失敗就「退避三舍」，你將陷入更大的失敗和極度的苦悶之中，永遠也看不到成功的曙光。

而當你勇敢地面對它時，就會驚異地發現，失敗原來也是一種收穫，是醞釀成功的肥沃土壤。只要你在跌倒處爬起來，昂起頭，挺起胸，繼續拼搏，頑強開拓，你就會取得成功。

唐代大詩人杜牧曾寫過一首氣宇軒昂的詩：「勝敗兵家事不期，包羞忍辱是男兒。江東子弟多才俊，捲土重來未可知。」在人的一生中，遇到挫折打擊、艱難困苦都是不可避免的，關鍵是你被失敗打倒，還是你把失敗打倒。

日本的市村清是位舉世聞名的企業家，他年輕時曾是一名保險外銷員。有一次，市村清勸說一位小學校長投人壽保險，去了

10 次卻依然毫無收穫。他疲憊不堪地對妻子說:「我實在不願再幹下去了,我馬不停蹄地奔跑了 3 個月仍是一無所獲。」

妻子愛憐地看著他:「你為什麼不再試一次呢?或許這一次就能成功呢!」妻子的話深深觸動了他。

第二天他抱著再試一次的決心,又來到小學校長家。這次未等市村清開口,小學校長竟十分痛快地答應下來。這次成功以後,他的信心更足了。3 個月後,他就成了那個地區最優秀的外銷員。

每當談及自己的成功經驗,市村清總是意味深長地說:「我永遠忘不了妻子的那句話──你為什麼不再試一次?」

在工作中,做事失敗是常有的事,但我們不要被失敗所打倒。如果被失敗打倒了,就會失去了對工作的信心,就談不上有什麼工作效率了。

不管我們面臨的失敗是什麼,都要調整心態,放鬆心情,放下包袱,輕裝上陣,坦然地面對得失,如此一來反倒容易從失敗的陰影裏走出來。

其實,失敗裏深藏著求生的意願、成功的契機和超然的心緒。只要正確對待挫折和失敗,就能在以後的工作中少走彎路,少犯錯誤,就能取得更大的成功。

心得欄 _____

----

43 調整工作中的心態，避免降低效率

工作中有很多偏失，一旦踏入勢必會降低工作效率。我們不僅要善於工作，還要善於同工作打交道，這樣才會避免踏入一些偏失，才會少走一些彎路。

在工作中，任何人都不可避免地在某些時候或某個階段，受自身因素或外在環境的影響，讓自己的工作情緒走入一些偏失，這是很正常的。但是，如果讓自己一直處於那樣一種心理與工作狀態，不僅影響正常生活，更會影響工作升遷和事業發展，更重要的是會讓你進入了一個越走越灰暗的心靈地帶，而喪失進取之心。在工作中，不要讓外因影響到你的工作效率，阻礙你的工作進程。

那麼，我們要走出那些工作中的偏失呢？

1.討厭老闆

我們要努力工作，目的不是為了取悅老闆，而是為了自己。沒有那個老闆會讓員工百分之百地滿意，就像我們自己也無法讓別人對我們完全滿意一樣。當你成為這家公司的一分子時，就應該做到全力以赴。對老闆不滿，會令你所受的苦遠遠多於你的老闆，他最多損失一點錢，而你卻失去了熱情、自尊及一大段寶貴的工作經歷。

2.以老賣老

有的人由於在某個職位或一個工作環境下工作了較長時間，且業績尚爲不錯，就開始沾沾自喜，有高高在上之感，對身邊的同事都不屑一顧，加之主管對其的偏愛，便不把上司放在眼裏，從而成爲「問題」員工。

一個人能做出可喜的業績，個人努力是重要因素，但他不是在與世隔絕的條件下做出這些成績的，沒有集體，就不存在個人。主管對他偏愛，是因爲信任，但絕不是縱容。

3.壓力過大

由於自我工作目標制定過高，或上司下達的指標超出自己的實際承受能力，而造成自己心理負擔過大，因而工作起來憂心忡忡，煩躁焦慮，思想消極，讓人感覺有「問題」。

每個人的能力都是有限的，我們應該有計劃性有規劃性地先做能力範圍之內的事，在這期間再不斷地去提升自我。能挑 50 斤的時候，可以試著挑 60 斤，而不是一下子讓自己挑上 100 斤。對於上司下達的超指標的工作任務，可客觀提出，也可試著去挑戰，而不是未做先敗。

4.用跳槽來解決問題

有些人會選擇用跳槽來逃避工作中棘手的問題，但你會發現，如果你不提高自我能力，不改進你自己，你將要一次次在不同的工作面前解決同樣一個問題。顯然，用跳槽的方法來解決問題是行不通的。唯有積極面對和解決問題，才是唯一的可行的方案。

44 學會與上司相處

從某種意義上來說，人際關係決定成敗。在日常工作中，只有理順了與上司、同事或下屬的關係，協調好各方人際關係，平時多與別人溝通，才能減少工作上的阻礙，才能更有效地提高工作效率。

在職場中，與上司的關係相處的怎樣，直接決定著你的發展。與上司相處和諧，才能夠心情愉快，工作上才能有效地發揮自己的能力，進而提高工作效率。

上司之所以是上司，是因為他的地位比你高，權力比你大，即使他的年齡比你小，也仍然是掌握你前途和工作命運的上司。較高的權力和地位決定了上司必須享有較多的尊嚴。因此，在與上司相處時，我們必須做到上下分明，與上司關係再好，也不能忘記他是你的上司這種工作關係。

在與上司相處時，你一定要與上司保持適當的距離，有這樣一段若有若無的距離，你們的關係才能保持安全和諧。你的上司可能在工作上和事業上無能，但開除你卻是易如反掌的事。不要幼稚地認為，上司對你的工作評估是完全從工作角度出發的。

每個人都有一個直接影響事業、健康和情緒的上司。與你的上司和睦相處，對你的身心、前途都有極大的好處。與上司相處少說話，多做事。要讓他充分地信任你，這個充分的信任是建立

在充分交流的基礎上的。目的是你不但要瞭解他，同時也要讓他充分瞭解你的工作能力。

上班工作時一定要服裝得體，女職員儘量少在上司面前化妝。當上司表達出與你不相同的意見時，你得仔細傾聽。上司通常都喜歡並且賞識聰明、機靈、有頭腦和有創造性的下屬。一旦上司認為你是個無能之輩，並給你戴上愚蠢和懶惰的帽子，那你就很危險了。

與上司交談時，不要賣弄你的小聰明，更不能鋒芒畢露，氣勢逼人。在上司面前，你要表現得很謙遜，儘管你的聰明才智需要得到上司的賞識，但如果你故意表現自己，他就會認為你是個自大狂傲的人。上司在心理上難以接受一個狂妄的人做自己的下屬，他也許會覺得他的小廟容不下你這尊大菩薩，讓你走人。所以，你必須要不動聲色地抑制自己的好勝心，成全上司的自尊心和威信。最好你能故意留一個破綻，來滿足上司的好勝心。

在平時，你要多讚揚，欣賞上司。讚揚和欣賞上司的某個特點，意味著肯定這個特點。上司也是人，也需要從別人的評價中瞭解自己的成就以及在別人心目中的地位，從而得到心理上的一些滿足。當受到讚揚時，他的自尊心會得到滿足，最主要的是會對稱讚者產生好感。如果你在背後讚揚你的上司，並試圖讓他通過其他渠道得知，效果一定會更好。請記住，這不是溜鬚拍馬的奉承，這是你對上司真誠的讚揚。

你和上司是共坐一條船的人，要想到達成功的彼岸就得同舟共濟。與上司保持良好的溝通，學會協調與上司的關係，有助於工作的順利開展，有助於提高工作效率。

「辦公室情商」的高低已成為困擾很多人晉升的一大難題。

經常聽到有的人說:「有的時候都不知道自己那句話說錯了,主管的臉就陰了。」還有越來越多的人抱怨說,每天超過一半的工作時間都用在了「和上司的溝通」上,幾乎沒有更多的時間來照顧自己的本職工作或業餘愛好。其實,這就是不會和上司溝通。和上司的溝通說難不難,說容易不容易,只要掌握了一些小技巧,就不會花費大量的時間了。這樣,就有更多的時間去做我們的本職工作,就更容易把工作做好,隨之得到提升的機會就會增多了。如果溝通得不好,自己不但花了大量時間,而且收效甚微。

有些人付出了辛勤的努力,卻只得到可憐的回報,或者總是受到批評而不是表揚,而且,只要他們聽到上司一句刺耳的話,他們就會感到如坐針氈、前途無望。他們面對上司的時候,總是唯唯諾諾,大氣都不敢喘一下,對於上司的苛刻要求也不敢反駁,只能被動接受。為什麼會出現這樣的情況呢?因為他們真的不知道有什麼更好的方法去和上司溝通。

之所以說與上司的溝通很重要,是因為通過溝通才能使你的上司瞭解你的工作作風,確認你的應變與決策能力,理解你的處境,知道你的工作計劃,接受你的建議,這些回饋到上司那裏的資訊,讓他能對你有個比較客觀的評價,並成為你日後能否提升的考核依據。

怎樣才能和上司溝通好呢?

首先,你要知道你的上司是個什麼樣的人。你的上司是個只願把握大局的人,還是個事無巨細、事必躬親的人?如果你向一個只願把握大局的人彙報上一大通的項目支出數據,那麼你倆很快就都會煩的。一位只願把握大局的上司會認為你該把所有基礎工作都做好,而他只注重結果。如果你早些瞭解上司的個性,你

倆的溝通就會愉快得多。

作為一名下屬，要吸引上司的目光，溝通是很重要的手段。話不說不清，理不道不明。溝通有時候能起到預想不到的效果，尤其是人與人有了誤解甚至是隔閡的時候，這時溝通的藝術就顯得非常重要。就算面對上司的冷淡態度，你也千萬不可意氣用事、橫眉冷對或無動於衷，積極的態度應該是心平氣和地找上司進行溝通。注意，一定要找個適合談心的場所，並選擇好的時機，在整個溝通過程中營造出自然隨意的氣氛。

經驗告訴我們，良好的溝通秘訣是仔細地思考、計劃和定期檢討，不強行違背上司的意思。由於對上司的指令沒有及時反應，或不能迅速貫徹他的意圖，從而讓他記住你，這就會影響到你在他心目中的形象。例如老闆說：「這個生意利潤太低，我們不要再做了。」你可能會因為前期投入較多的時間和精力而對這種放棄的決策心存不甘，甚至因為你沒有及時通知你的下屬終止實施計劃，從而使一切工作按照你原定的計劃和步驟進行了，那麼，在這種情況下，請想一想，如果你是老闆，又會怎樣看待這樣的下屬，你會對違背他命令的人委以重任嗎？所以，如果你不能通過溝通，委婉地表達出你的想法，並且讓上司採納你的建議，那麼就一定要把上司的決定在第一時間傳達給有關工作人員並執行，決不能耽誤工作，影響工作效率。

遇到公司出了一些意外，但是闖禍的不是你，而老闆卻指名要聽你對這件事的態度。如果是這種情況，你要與上司溝通，你的態度需模稜兩可，躲開是非，前提是自己絕對沒有參與這個事件，你在說話時可以先說：「只是聽說了一些而已。」那從你嘴裏說出的後面的內容就不足以作為你的看法，但卻也有你的意見。

你一定不要對肇事者落井下石，也不要什麼也不談。溝通的技巧是跟老闆先說清楚，從公司的立場出發，你覺得某人某事有些問題，從私人角度來看，這些話是你不願意說的，並且說明僅僅就事論事，不針對個人發表任何情緒性評價、總結。

上司是與你有根本利益關係的人，所以你在溝通的時候必須多做權衡。事實上，過猶不及的拍馬屁和圖口舌之快的個人主義者，上司都不喜歡，聰明的主管最看重溝通的是：效果。

45 給上司提建議的技巧

你給上司所提的建議，必然是你認可的，建議被上司採納後，就會涉及你的工作。這個建議如果在你工作中實施的話，你工作起來必定會得心應手，工作效率也必然會高。

在職場中，許多人都為怎樣向上司提建議並能讓上司接受自己的建議而苦惱。

做個悶聲不語，默默無聞的呆頭雞，無法展現才華，上班只是混日子，很難得到上司的賞識，這不是我們想要的；有話就說，直來直去，不知道什麼時候開罪了上司，影響以後的工作，這也不是我們想要的。可是說也難，不說也難，怎麼辦呢？其實，只需要改變一下我們的說話方式，用上司容易接受的方式和方法來表達我們的想法就可以了。

當你鼓足勇氣給上司提建議時，如果想讓上司聽你的，就要

提高上司對你的信任度。這個問題很關鍵。要取得上司的信任，你要有更長遠的眼光，你要瞭解上司關注的重要領域。還要瞭解上司習慣以什麼樣的方式接受信息，用他容易接受的方式給他提建議，他才能接受。上司接受你的建議，對於提高你的工作效率是很有幫助的。

在向上司彙報你掌握的大量資料信息時，你一定要充分考慮一種可能性：即上司不重視你提出的方案，並不是因為你說得不對或者不夠，而是因為你表達的方式有問題。怎樣才能使你和上司的「接觸」更加有效率呢？你必須儘量把你要表達的內容以上司最喜歡的方式傳遞給他，換句話講，你應該充分考慮的是你的上司喜歡那種交流方式。

大多數人在與上司溝通時，如果能夠改變自己的語言方式，效果或許更好。在提意見時，你不僅要站在自認為對集體有利的角度上，還要換位思考，站在上司的角度考慮問題。由於思考問題的角度不一樣，往往你認為正確的，很好的意見，上司可能認為目前時機尚不成熟，所以不予採納從而使你的意見遭受冷遇。

在陳述意見時，要多用中性詞語及疑問句，而不要讓上司感覺，你是在將自己的想法強加給他，換句話說是給上司提「建議」而不是「意見」。通過適當的方式把自己的建議傳遞給上司，如果這個意見對公司發展非常有益，相信上司會採納的。

如果上司剛愎自用，自以為是，聽不進去不同意見。為了組織的利益，你又覺得必須向他提出建議，那又要怎樣提呢？

面對剛愎自用的上司，在獻計獻策的時候，往往會遇到不受重視、不被採納的苦惱。尤其是當一個花費了自己許多經歷和時間，自己確信是一個非常合理、非常優秀的建議和計劃，被上司

斷然拒絕的時候，我們會更加苦惱。

你只要把握住幾個原則，就可以減少這種情況的發生幾率。首先要廻避你和他之間的意見衝突；提意見之前要提醒自己不是提意見，是移植建議；如果上司接受了意見，光榮歸上司，收益屬於組織。這樣你能引導上司的思維與決策，向你的建議方向發展。

作爲下屬，維護上司的權威是最基本的職業素養，即便在工作中與上司的意見不統一，也要務必保持清醒，廻避衝突。提醒主管，給上司想辦法、出主意，最好在單獨和上司在一起的時候說，並且意簡言賅，只說一句，只說一遍，以不經意的方式說。

在工作中，發現上司所給的指示不對，難以執行或做下去，切記用此法點醒上司。不要長篇闊論地闡述這個建議有多麼不好，那樣會讓上司覺得你在嘲笑他的無能，在向他示威。你提的建議再好，他也有理由不予採納。如果採用在公開場合提意見的話，結果只會更糟，對問題的解決不但無一點幫助，反而使自己也陷入一個進退兩難的境地。

如果你要給上司提建議，請不要急於否定上司原來的想法。對上司的工作提建議時，盡可能謹慎一些，仔細研究上司的特點，研究用什麼方式使他喜歡接受下屬的建議。切記，提建議時，切不可當面頂撞上司，揭上司的底，那會讓上司很反感你。如果你認爲上司在某些方面還沒有你掌握得多，你可以委婉地提一些建議，不要對上司頤指氣使。因爲他是你的主管，你是他的下屬。

在給上司提建議的時候，可以是口頭建議，也可以是書面建議，也可以是電話建議。在考慮這些不同的交流聯繫方式的時候，別忘了注意一點，就是投其所好。有些人喜歡直觀的方式，而有

些人則喜歡數字或是文字，這並不意味著誰比誰更高明，只是口味不同、習慣不同而已。

雖然維護上司的權威是最基本的職業素養，但也不要忘記，堅持向上司貢獻自己好的建議與計劃，也是下屬應盡的工作職責。我們需要做的就是，既要維護上司的權威，又要向上司提出合理的建議。

46 溝通成功的語言技巧

善於運用溝通的語言技巧，能使彼此之間的距離拉近，這樣對方就更容易瞭解你或接受你的意見和建議。在工作中，善於溝通更有助於提高工作效率，有時甚至可以達到事半功倍的效果。

你喜歡跟那種人交往？你會不會喜歡結交事事與你唱反調，想法和興趣都和你不同的人呢？相信不會。

人們常說「興趣相投」，就是指彼此之間有共同的話題，溝通順暢，在個性、觀念或志趣方面有相似點，相互之間比較容易接受和欣賞對方。相信大家都有這種體會，當人們之間相似之處越多時，彼此就越能接受和欣賞對方。一個被自己接受、喜歡或依賴的人，通常受到的影響力和說服力較大。下面介紹一些建立有效溝通的方法：

1.展開話題前要留意對方態度

展開話題前留意一下對方的行為態度，這通常會給我們一些

提示，知道那是不是一個展開交談的好機會。

正面的提示包括對方有延伸接觸、微笑或自然的面部表情；負面的提示則包括對方正在忙於某些事情、與別人詳談中或正趕往別處去。

當然，我們自己也得同樣發出正面的提示，如果採取主動，跟別人先打招呼，說聲「你好」，加上微笑以示友好，很容易取得別人好感及留下好印象，從而展開話題。

2.語調和語速要同步

針對視覺型、聽覺型、感覺型不同特質的人，要採取不同的語速、語調來說話，使用相同的頻率來和對方溝通。

要做到語調和速度同步，首先要學習和使用對方的表像系統來溝通。所謂表像系統，分為 5 大類。每一個人在接受外界信息時，都是通過 5 種感覺器官來傳達及接受的，它們分別是視覺、聽覺、感覺、嗅覺及味覺。在溝通上，最主要的是通過視覺、聽覺、感覺 3 種渠道。

(1)視覺型特徵為：說話速度快；音調比較高；說話時胸腔起伏比較明顯；形體語言比較豐富。

(2)聽覺型特徵為：說話速度慢，比較適中；音調有高有低，比較生動；在聽別人說話時，眼睛並不是專注地看對方，而是耳朵偏向對方說話的方向。

(3)感覺型特徵為：講話速度比較慢；音調比較低沉，有磁性；講話有停頓，若有所思；同人講話時，視線總喜歡往下看。

面對不同表像系統的人，需要使用不同的語速、語調來說話，換句話說，你得使用對方的頻率來和他溝通。例如對方說話速度快，你得和他一樣快；對方講話聲調高，你得和他一樣高；對方

講話時常停頓，你得和他一樣時常停頓。若能做到這一點，對我們的溝通能力和親和力的建立將會有很大的幫助。

3. 語言文字同步

能聽出對方的慣用語，並使用對方最常用的感官文字和用語，對方就容易瞭解及接受你傳達的信息樂。

很多人說話時都慣用一些術語，或者善用一些辭彙，例如有些口頭禪。你若要與不同的人進行溝通，就必須使用對方最常用的感官文字和用語，對方會感覺你很親切，聽你說話就特別順耳，就會更容易瞭解及接受你所傳達的信息了。

4. 選擇積極的用詞與方式

在保持一個積極的態度時，溝通用語應當儘量選擇體現正面意思的詞。例如說，要感謝客戶在電話中的等候，常用的說法是「很抱歉，讓您久等了」。這「抱歉、久等」實際上在潛意識中強化了對方「久等」這個感覺。比較正面的表達可以是「非常感謝您的耐心等待」。

如果一個客戶就產品的一個問題幾次求救於你，你想表達你讓客戶的問題真正得到解決的期望，於是你說：「我不想再讓您重蹈覆轍。」爲什麼要提醒這個倒楣的「覆轍」呢？不妨這樣表達：「我這次有信心讓這個問題不會再發生。」這樣說是不是更順耳？

5. 善用「我」代替「你」

交流中我們常將或善於把「你」換成「我」，會更有利於建立親和力。

例如在下列的例子中儘量用「我」代替「你」，會讓對方感覺更舒服些。

習慣用語：你的名字叫什麼？

專業表達：請問，我可以知道你的名字嗎？

習慣用語：你必須……

專業表達：我們要爲你那樣做，這是我們需要的。

習慣用語：如果你需要我的幫助，你必須……

專業表達：我願意幫助你，但首先我需要……

習慣用語：聽著，那沒有壞，所有系統都是那樣工作的。

專業表達：那表明系統是正常工作的。讓我們一起來看看到底那兒有問題。

習慣用語：當然你會收到，但你必須把名字和地址給我。

專業表達：當然我會立即發送給你一個，我能知道你的名字和位址嗎？

習慣用語：你沒有弄明白，這次聽好了。

專業表達：也許我說的不夠清楚，請允許我再解釋一遍。

6.結束話題技巧

當談話停頓得太久或雙方感到想結束話題，就應該在適當時候結束談話，這時首先要發出預備離開的訊息，例如：「小吳，我差不多該走了，我要去買些東西。」當你發出預備離開的信息後，通常可提出再聯絡的表示，例如：「我再聯繫你，下次去飲茶吧！」也可以友善及直接地表示：「與你交談很開心，下星期有時間再出來聚一下吧！」

47 善於傾聽，進行有效溝通

平心靜氣地傾聽對方的表達，能為溝通找到共同點。在工作中我們要善於傾聽，傾聽能夠拉近彼此的關係，能夠為我們贏得好人緣，進而在促進人際關係的同時，也會提高我們的工作效率。

我們都有這樣的感覺，當你有高興的事或傷心的事在向別人傾訴時，如果對方仔細地聽你講，並在你當時情感的帶動下與你產生了互動，適時的微笑，分享你的喜悅；不斷地點頭，表示對你的贊同；或適時地插上兩句，表示安慰。那麼你的喜悅就會因有人分享和祝賀而更感喜悅；你的憂愁就會因有人分擔和安慰而緩解甚至煙消雲散。同時，你們之間的距離會因此拉得更近，關係也會因此更加融洽。

有一句西方諺語表達了人們應更多地注重傾聽：「上帝給我們兩隻耳朵，卻只給了一張嘴巴，其用意是要我們少說多聽。」傾聽既是取得關於他人第一手信息、正確認識他人的重要途徑，也是向他人表示尊重的最好方式，傾聽使我們成為一個回饋者，一個置自己於第二位的人。曾擔任美國哈佛大學校長的查‧愛略特說過：「生意上的往來並無所謂的秘訣……最重要的是要專注眼前同你談話的人，這是對對方最大的尊重。」

聽是人類一種基本的內部技能，交流是聽和說的藝術，實際上，水準高的人往往是更多地去聽別人，而不是滔滔不絕地講給

別人聽,在某種程度上,聽是我們在溝通中最重要的技巧。

多數人都認為自己是善於傾聽的人。然而研究表明,我們平均只發揮了 1/4 的傾聽水準。很多時候我們都認為自己在傾聽。我們似乎相信,因為我們有耳朵,所以我們就在聽,猶如相信因為我們有眼睛所以我們會讀書一樣。諸多我們沒有意識到的有關傾聽的壞毛病妨礙了我們,成為我們所自認為的那種傾聽者,例如打斷他人、易受干擾、匆匆定論、白日做夢或陷入厭倦無聊等。

在談話時,如果能表示明白對方感受和說話背後的含義,對方則會更喜歡和你傾談,能夠促進彼此加深瞭解。所以,聆聽及回應技巧十分重要。

1. 聆聽技巧

(1)集中注意,保持談話的專注和聆聽。

(2)不用努力尋找話題,擔心下一步要說些什麼,我們只管細心去聽,掌握對方的說話內容、事件、意見以至感受等,因為我們在努力尋找話題時,便不能同時細心聆聽,也就錯過了一些重要的資料和字眼。

(3)留意隱藏的話語。人與人之間的交談有時不是很直接,有90%說的話語是隱藏的,耳朵和腦筋要同時活動,找出隱藏的話語。在漫談中,細心留意對方說話時的內容和預期,或易地而處,會幫助瞭解對方感受或言外之意。

(4)在我們靜心聆聽之時,也可以把對方的一些重要字眼和話語記下來,稍後便可作回應。

2. 回應技巧

當對方用頗多時間談論自己的經驗及感受後,可以用自己的話總結對方剛才講的內容。在適當的時候,可以用簡單的話講出

對方的感受，以表示明白。當然，也可以再進一步表示共同興趣。

48 工作態度決定工作效率

　　身在職場，不端正自己的工作態度，是不會有所成就的。工作態度決定工作品質，決定工作效率。以勤奮、主動、忠誠、敬業等積極的態度對待工作，就會提高工作效率，就會提升工作業績。

　　只為工作而工作，得到的只能是報酬。為工作的價值與意義而工作的人，除了得到報酬外，還會得到精神財富。這樣工作的人，不但工作效率高，而且自我價值也高。

　　在這個世界上，所有正當合法的工作都是值得尊敬的。只要你誠實地工作和創造，沒有人能夠貶低你的價值，關鍵在於你如何看待自己的工作。那些只知道要求高薪，卻不知道自己應承擔的責任的人，無論是對自己還是對老闆來說，都是沒有價值的。

　　很多人苦苦尋求，就為能有一份工作，藉以安身立命；等到真有工作了，又總是把它看作是一種約束，認為是在為別人勞累自己，於是能敷衍就敷衍，心裏總有一種應付慾；偶爾需要在下班以後多做一些事，他們就覺著是一種額外的付出，要麼推辭，要麼談報酬、講條件，很少有主動承擔或全身心投入的。

　　工作本身沒有貴賤之分，但是對於工作的態度卻有高低之別。看一個人是否能做好事情，只要看他對待工作的態度就知道

了。而一個人的工作態度又與他本人的性情、才能有著密切的關
係。一個人所做的工作是他人生態度的表現，一個人一生所從事
的職業就是他志向的表示、理想的所在。一個人只有端正了工作
態度，才能從工作中獲得想要的東西。

　　一群鐵路工人正在月臺邊上的鐵道上汗流浹背地工作，一列
火車緩緩開了進來，打斷了他們的工作。火車停了下來，有一節
車廂的窗戶打開了，車廂內的冷氣機系統散發出陣陣冷氣。這時
有一個低沉、友善的聲音從視窗傳了出來：「比利，是你嗎？」

　　比利是這群工人的負責人，聽見熟悉的聲音，他高興地回答：
「是我，是邁克嗎？見到你真高興。」

　　邁克是這家鐵路公司的老闆，比利和他是非常好的朋友。兩
個人開心地聊了一會兒，不久，火車繼續啟程，兩人只好依依不
捨地道別。火車開走後，工人們忙問比利怎麼和老闆那麼熟悉。
比利得意地解釋，20 年前他和邁克是同一天上班，一起在這條鐵
路上工作。這時有人拿比利尋開心，調侃他為什麼現在仍在大太
陽底下這麼辛苦地工作，而你的朋友卻成了公司的老闆呢？

　　比利不好意思地說：「這是因為 20 年前我只是為了一小時 1.75
美元工作，而邁克卻是為了這條鐵路工作。」

　　工作的態度會決定一個人的價值。

　　我們應該每天對自己的工作做一些必要的反省：所有的工作
都做完了嗎？每一件事情都做好了嗎？沒有做完的下一步該怎樣
安排？沒有做好的下一步該怎樣改進？自己有沒有一個明確的人
生目標？為著這個目標，自己已經做了些什麼？現在正在做什
麼？下一步的計劃能不能如期完成？其實，人不只是為要活著才
去工作的。人活著是為了要做一些事情，也只有做事情才能讓人

生真正地充實和快樂起來。工作是人走進社會的入口，人是通過
工作來成就自己的人生的。

　　當我們面對一份工作時，那怕是最不起眼的工作，只要這份
工作對他人、對社會有益，都應該竭盡全力地把它做好。做好了，
別人滿意，社會滿意，自己也有成就感，何樂而不爲呢？

49 對待工作要有責任心

　　工作中的責任心，就是一個人對自己所從事的工作應負責任
的認識、情感和信念以及遵守規範、承擔責任和履行義務的自覺
性。實踐證明，具備強烈責任心的人，才能有踏實肯幹的工作態
度，而這種態度是提高工作效率的必備條件。

　　工作中的責任心，是我們對待工作的一種整體態度。工作是
一個不斷進取不斷發現問題並解決問題的過程。在這個過程中，
不僅需要具備積極主動的工作態度、優質高效的工作能力、腳踏
實地的工作精神、團結協作的工作理念，更需要具備高度的責任
心。

　　在工作中，責任心是第一素質。有責任心，才能有不斷進步
的動力，才會有勤奮工作的熱情，才會圓滿、快速地完成工作任
務。

　　日常工作的細節中常常體現著我們的責任心，例如，在服務
過程中，有沒有按顧客的要求而完成自己的工作？有沒有認真想

到如何去滿足顧客的需求？對顧客的查詢，是不是只回應一句「不
知道」？在進行產品或服務推介的時候，是不是表現得沒精打采？
顧客提問一句，是否只回答一句？有問題出現的時候，是否推卸
責任？在工作上出現失誤，是不是總是抱怨其他人不合作，工作
程序不配合？……這些行為態度正是一個人是否有責任心的表
現，而這些表現更會影響企業的信譽、品牌、效益及發展。

　　工作中的責任心通常體現在 3 個階段：一是辦事之前，二是
辦事之中，三是辦事之後。第一階段，辦事之前要想到後果。第
二階段，做事過程中儘量控制事情向好的方向發展，防止壞的結
果出現。第三階段，辦事之後出了問題敢於承擔責任。勇於承擔
責任和積極承擔責任不僅是一個人是否有勇氣、是否光明磊落問
題，它同時也會影響著一個企業的形象和未來。

　　一名美國人，有一天來到日本東京，她在百貨公司買了一台
唱機，準備送給住在東京的婆婆家作為見面禮。售貨員彬彬有禮、
笑容可掬地特地挑了一台尚未啟封的機子給她。然而回到住處，
她拆開包裝試用時，才發現機子沒裝內件，根本無法使用。她非
常生氣，準備第二天一早即去百貨公司交涉。

　　第二天一早，一輛汽車趕到她的住處，從車上下來的正是那
家百貨公司的總經理和拎著大皮箱的職員。他倆一走進客廳就俯
首鞠躬、連連道歉，她不清楚百貨公司是如何找到她的。那位職
員打開記事簿，講述了大致的經過。

　　原來，昨日下午清點商品時，發現將一個空心的樣機賣給了
一位顧客，此事非同小可，總經理馬上召集有關人員商議。當時
只有兩條線索可循，即顧客的名字和她留下的一張美國快遞公司
的名片。據此百貨公司展開了一場無異於大海撈針的行動。打了

32 次緊急電話，向東京的各大賓館查詢，沒有結果。於是，打電話到美國快遞公司的總部，深夜接到回電，得知顧客在美國父母的電話號碼，接著打電話到美國，得到顧客在東京的婆家的電話號碼，終於找到了顧客的落腳地。職員說完，總經理將一台完好的唱機外加唱片一張、蛋糕一盒奉上，並再次表示歉意後離去。

人有了責任心才能敬業，自覺把崗位職責、分內之事銘記於心，該做什麼、怎麼去做及早謀劃、未雨綢繆；有了責任心才能盡職，一心撲在工作上，有沒有人看到都一樣，能做到不因事大而難為，不因事小而不為，不因事多而忘為，不因事雜而錯為：有了責任心方能進取，不因循守舊、墨守成規、原地踏步，而是能勇於創新、與時俱進、奮力拼搏。

50 不要只為薪水而工作

薪水固然重要，但如果工作只是為了拿薪水的話，那麼工作也就失去了價值和意義。如果我們要將工作視為經驗和快樂的積累，那麼在薪水之外，我們會有更多的收穫——在提高工作效率和工作業績的同時，得到更多的回報。

有的人上班時總喜歡「忙裏偷閒」，他們要麼上班遲到、早退，要麼在辦公室與人閒聊，要麼借出差之名遊山玩水……這些人也許並沒有因此被開除或扣減工資，但他們會落得一個不好的名聲，也就很難有晉升的機會。如果他們想轉換門庭，其他人也不

會對他們感興趣。

一個人如果總是爲到底能拿多少薪水而大傷腦筋的話，他又怎麼能看到薪水背後可能獲得的機會呢？這種人只會在無形中將自己困在裝著薪水的信封裏，永遠也不懂自己真正需要什麼。

那些不滿於薪水低而敷衍了事工作的人，固然對老闆是一種損害，但是長此以往，無異於使自己的生命枯萎，將自己的希望斷送。他們埋沒了自己的才能，湮滅了自己的創造力。

希爾頓說：「世界上沒有卑微的職業，只有卑微的人。」世界上沒有卑微的工作，只有卑微的工作態度，只要全力以赴地去做，再乏味的工作也會變成最出色的工作。有人問 3 個砌磚的工人：「你們在做什麼呢？」

第一個工人沒好氣地嘀咕：「你沒看見嗎，我正在砌牆啊。」

第二個工人有氣無力地說：「嗨，我正在做一項每小時 9 美元的工作。」

第三個工人哼著小調，歡快地說：「你問我啊！朋友，我正在建造這世界上最大的教堂！」

我們不妨設想一下他們三位的命運，前兩位繼續在砌著他們的磚，因爲他們沒有遠見，不重視自己的工作，不會去追求更大的成就。但那位認爲自己在建造世界上最大的教堂的工人則不一樣了，他一定不會永遠是個砌著磚的工人，也許他已經變成了承包商，甚至變成了很有名氣的建築設計師，但我們相信他還會繼續向上發展。因爲他善於思考，他沒有把工作只當成工作，他對工作的熱情已經明顯地表現出他想更上一層樓。

人們都羨慕那些傑出人士所具有的創造能力、決策能力以及敏銳的洞察力，但是他們也並非一開始就擁有這種卓越的能力，

這些都是在長期工作中積累和學習到的。在工作中他們學會了發現自我,使自己的潛力得到充分的發揮,從而展現出了自我價值。

我們不應該僅僅把工作視爲取得麵包、乳酪、衣服和公寓的一種討厭的「需要」,一種無可避免的苦役;而應該把工作當作一個鍛鍊能力的機會,一個訓練培養品格的大學校,一條成就理想的途徑。工作能激發我們內在最優良的品格,讓我們在奮鬥、努力中去發揮出所有的才能,有信心去克服一切成功之障礙。工作不是一種苦役,我們要懂得那些毅力、堅忍力以及其他種種高貴的品格都是從努力工作中得來的。

工作的時候,腦子裏全是「我是在爲錢工作」的思想,是一種很不負責任的想法。面對不高的薪水,你應當懂得,公司支付給你的工作報酬固然是金錢,但你在工作中給予自己的報酬乃是珍貴的經驗、良好的訓練、才能的表現和品格的建立。這些東西與金錢相比,其價值要高出千萬倍。

51 在其位,謀其職

「在其位,謀其職」,就是踏踏實實地做好本職工作。有這樣的工作態度,其工作效率必然會高,這在鞏固了自己位置的同時,也提升了自己的工作業績。

人在一生中會不斷地更換學習、工作、生活環境,不斷變換位置,會經受各種磨難,會有驚喜、歡樂和收穫。這就要求我們

要不斷審視自己，不斷地完善自己，有一個更新的思想，不斷地接受新的事物，更好地充實自己，迎接每次遇到的挑戰。這就是一種「在其位，謀其職」。

許多人都在拼命地追求豐厚的薪酬和良好的工作環境，但當驀然回首時卻發現自己一無所有卻已虛度年華；而那些埋頭苦幹、默默堅守崗位的人，卻已擁有一技之長，或已具有豐富的工作經驗。

任何技藝和經驗的摸索都源於踏實的工作，只有親身體會，才能逐漸完善和改進，而「在其位，謀其職」便是踏實的表現。

有人曾就個人與位置之間的關係請教一位成功人士：「你為什麼能在自己的位置上穩如泰山？」

成功人士這樣回答道：「我在工作時會集中精力踏踏實實地做一件事，我會竭盡全力把它做到最好，簡單地說，就是『在其位，謀其職。』」

無論從事什麼工作，只要你已經著手了，千萬別心猿意馬地著迷於那些不切實際的誘惑。你一定要珍惜自己的工作，對你的工作絕不能吝嗇勤奮和汗水，一定要全力以赴，對自己的工作負責任，否則在失去後再痛心疾首，那就太晚了。

有一位著名的跨國公司總裁曾告誡自己的員工：「要麼在其位就謀其職，要麼就走人。」的確，不論那一級的工作人員，都必須要好好珍惜自己的工作，在其位，就要謀好其職，而不要懈怠自己的工作與職責。留心觀察那些在職場中獲得成功的人，我們不難發現，這些人不論做什麼事情，都是「在其位，謀其職」，能認認真真做好自己的本職工作。所以，他們往往能在平凡的崗位上做出不平凡的業績，也正因為如此，他們總能在職場中獲得成

就夢想的機會。

人可以不偉大，可以清貧，但不可以沒有責任。對於我們來講，這個責任就是「在其位，謀其職」。企業是我們的第二個家，無論是老員工還是新員工，無論是管理階層還是技術能手，身在同一企業，就有責任爲我們所在的企業做出自己的貢獻，有責任爲我們共同的家而努力。因爲我們有共同的利益，只要企業發展上去了，才能爲我們提供更好的發展機會，才能更好地改善我們的物質和精神生活。

我們應以主人翁的姿態投身到建設企業、發展企業的各項工作中去，在工作中盡其所能，盡職盡責，努力完成好每一項工作任務。只有這樣，企業才能更加興旺發達，我們的自身價值才能得到充分體現，我們也將獲得更大的成功。

52 從小事一點一點做起

大事皆由小事而成，小事不願做，不屑做，拒絕做，做大事就只能成爲空想。成功都是從點滴開始的，是一步步走出來的。在工作中，把每一件小事都認真負責地做好，才能提高工作效率，才能獲得好業績。

我們的工作很大程度上都是從小事做起的，就像我們的生活，驚天動地的大事很少，而天天面對的都是一些小事。只要我們認真地去對待它，就會發現這小事中的巨大價值。人們常說要

有遠大理想抱負，要做大事。遠大的志向固然不可少，但大事也是由小事組成的，如果連小事都做不好的話，又如何去做大事？

老子說：「天下難事，必作於易；天下大事，必作於細。」做大事需要有大局帷幄、宏觀決策的能力。可是，大事是小事組成的，注重小事和細節也同等重要，甚至比之更為重要。大多數時候，「舉輕若重」地持之以恆，恰恰是「舉重若輕」的必要補充。

美國標準石油公司曾經有一位小職員叫阿基勃特。他在出差住旅館時，總是在自己簽名的下方寫上「每桶 4 美元的標準石油」字樣，在書信及收據上也不例外，簽了名，就一定寫上這幾個字，他因此被同事叫做「每桶 4 美元」，而他的真名倒沒有人叫了。

公司董事長洛克菲勒知道這件事後說：「竟有職員如此努力宣揚公司的聲譽，我要見見他。」於是邀請阿基勃特共進晚餐。

後來，洛克菲勒卸任，阿基勃特成了第二任董事長。

在簽名的時候署上「每桶 4 美元標準石油」，這算不算是小事？嚴格說來，這件小事還不在阿基勃特工作範圍之內。但阿基勃特做了，並堅持把這件小事做到了極致。那些嘲笑他的人中，肯定有不少人的才華、能力在他之上，可最後只有他成了董事長。

每個人所做的工作都是由一件件小事構成的，不要對工作中的小事敷衍應付或輕視懈怠。記住，工作中無小事。所有的成功者，他們與我們都做著同樣簡單的小事，唯一的區別就是，他們從不認為他們所做的事是簡單的小事。

無論要實現多麼遠大的理想，多麼宏偉的目標，都是要從小事做起，最終一步步實現的。許多立志要做大事的人，尤其是一些年輕人，常常有一個錯誤認識：他們認為，既然自己選擇了做大事，那做的就應該都是轟轟烈烈的大事，而不應該「大材小用」，

去做一些誰都能做的小事，好像只有做大事才能顯示出自己的胸懷大志和與眾不同。

東漢時有一少年名叫陳蕃，他總自命不凡，總是一個人在家裏讀書，一心想幹出一番驚天地的大事業。

一天，他的朋友薛勤來看他，見到陳蕃院內庭院荒蕪，雜草叢生，紙屑滿地，滿目蕭然，非常髒亂。於是對他說：「孺子何不灑掃以待賓客？」

他答道：「大丈夫處世，當掃天下，安事一屋？」

薛勤當即反問道：「一屋不掃，何以掃天下？」

這時陳蕃無言以對。

陳蕃欲「掃天下」的胸懷固然可嘉，但錯的是他沒有意識到「掃天下」正是從「掃一屋」開始的，「掃天下」自然包含了「掃一屋」，而不「掃一屋」是斷然不能實現「掃天下」的。

小事做起來是枯燥的，需要我們有持之以恆的信念和毅力。一個人能力的高低，在很大程度上就是看他能否把事情做透、做好，即事情的細節反映出做事的水準。如果帶著一種消極的心態對待小事，認為只是一個形式，敷衍了事，淺嘗輒止，則連小事都做不了。

成功都是從點滴開始的，甚至是細小至微的地方。如果不遵守從小事做起的原則，必將一事無成。我們不要急功近利，要先歷練自己的心境，沉澱自己的情緒，學會從零做起，從小做起。只有這樣，我們才能做成大事。

53 不要給自己找任何藉口

　　一個喜歡找給自己藉口的人，會事事拖延，導致最後一事無成。一個人沒有任何藉口，才會全力以赴地排除困難，提高自己的工作效率，出色地完成工作任務。

　　人做事不可能一輩子都一帆風順，就算沒有大失敗，也會有小失敗。每個人面對失敗的態度也會不一樣，有人不把失敗當一回事，因為他們認為「勝敗乃兵家常事」；也有人拼命為自己的失敗找藉口，告訴自己，也告訴別人，他們的失敗是因為別人扯後腿、家人不幫忙，或是身體不好、景氣不佳，連國外的戰爭都可以成為失敗的理由。

　　藉口其實是一種欺人與自欺的謊言，理由的背後是什麼呢？這些理由真的能夠站得住腳嗎？失敗時，一味尋找藉口，漸漸會麻痺了我們的思想，於是當問題產生時，我們首先想到的是如何解釋，以緩解壓力和尋求諒解。其實當一個人在抱怨的時候，實際上就是在為自己找藉口了，而找藉口的唯一好處就是安慰自己。但這種安慰是致命的，它讓人對現存的狀況無動於衷，並且給人一種心理暗示：我克服不了客觀條件造成的困難。在這種心理的暗示引導下，我們不再去思考克服困難、完成任務的方法，那怕是只要改變一下角度就可以輕易地到達目的。尋找藉口就是對所做事情的拖延和放棄，它會使人變得懦弱，不負責任。

　　一個人一旦養成找藉口的習慣，他的工作就會拖拖拉拉，沒有效率，做起事來就往往不誠實，這樣的人不可能是好員工，也不可能取得什麼大成就，在公司裏這樣的人遲早會被辭退。

　　許多找藉口的人，在享受了藉口帶來的短暫快樂後，起初還有點兒自責，可是重覆的次數一多，也就變得無所謂了，原本有點良知的心變得越來越麻木不仁。其實，遇到挫折，無論怎樣尋找藉口，最終都是徒勞無益的。我們只有在失敗中吸取經驗，調整策略，不斷嘗試各種方法，才能最終找到解決問題的辦法。

　　在墨西哥市一個漆黑、涼爽的夜晚，坦桑尼亞的奧運馬拉松選手艾克瓦裏吃力地跑進了奧運體育場，他是最後一名抵達終點的選手。這場比賽的優勝者早就領了獎盃，慶祝勝利的典禮也早就已經結束了，因此艾克瓦裏一個人孤零零地抵達體育場時，整個體育場已經幾乎空無一人，艾克瓦裏的雙腿沾滿血污，綁著繃帶，他努力地繞完體育場一圈，跑到了終點。

　　在體育場的一個角落，享譽國際的一名紀錄片製作人遠遠看著這一切。接著，在好奇心的驅使下，他走了過去，問艾克瓦裏為什麼要這麼吃力地跑至終點。這位來自坦桑尼亞的年輕人輕聲地回答說：「我的國家從兩萬多公里之外送我來這裏，不是叫我在這場比賽中起跑的，而是派我來完成這場比賽的。」

　　藉口不能幫助我們成功，排除一切藉口，為自己的績效負責，為成功找方法，不為失敗找理由，這才是邁向成功的基本態度。

　　每一個人都不見得能一次嘗試就成功，每個人也都有犯錯的時候，別人可以原諒你，但自己不能為自己找臺階，必須告訴自己錯在邢裏，不再重覆犯錯，必須持這種態度。在每一次未能達成理想結果時，一定要進行研究，不斷找尋新的方法來實踐，不

斷修正自己的行爲，就會一次比一次更進步、更理想。態度的改變代表做事方式即將改變，行爲一旦改變，結果也自然會改變的。

面臨失敗時，該怎麼做，取決於你的一念之間。在失敗時，我們首先要做的是自我分析，問問自己：

阻止我成功最常用的藉口是什麼？

我這個月犯的最大的錯誤是什麼？

我怎麼做才能改正它？

我們要努力找出解決問題的方法來，把問題解決掉；如不能解決，在吸取教訓後，下次一定不要再犯，進而養成不推卸責任的好習慣。我們不要爲自己的錯誤辯護，再美妙的藉口也於事無補。不如把尋找藉口的時間和精力用到工作中來，仔細琢磨下一步該怎麼做。反過來說，面對失敗，如果將下一步的工作做好了，失敗就可以成爲成功的墊腳石。這樣一來，失敗的藉口就不用找了。

54 保持積極的工作心態

心態積極的人，知道自己工作的意義和責任，所以會永遠保持著全力以赴的工作態度。只有這樣的人，才能擁有更高的工作效率，才能創造出更高的工作業績。

有時我們無法改變自己在工作和生活中的位置，但我們完全可以改變對所處位置的態度和方式。想要什麼樣的人生，完全決

定於我們的心態，例如，我們對人生的詮釋，對幸福的理解和對成功的期待。有些人因為成功而快樂，有些人因為快樂而成功。前者的快樂是奮鬥後的慰藉，而後者的成功源於愉快的心情。

事情做得好壞的差別，往往不是有沒有能力，而是看當時身心所處的狀態。如果你總是以積極的狀態去面對你的工作，那麼就必然能獲得你意料之外的成績。事實上，我們的心態決定了我們的成敗。

某公司的一位員工雖然已經工作了近 10 年，但他總是抱著「我只是被僱來的，做多做少一個樣」的心態來工作，工作上也從來沒有什麼出色的業績，因此，10 年來他的薪水從不見漲。有一天，他終於忍不住向老闆大訴苦水。老闆對他說：「你雖然在公司待了近 10 年，但你的工作經驗卻和只工作了 1 年的員工差不多，能力也只是新手的水準。」

那名員工在他最寶貴的 10 年青春中，除了僅僅得到 10 年的薪水外，其他卻一無所獲，這是一件非常遺憾的事情。由此看出，有良好的心態，對於我們的工作甚至職業前景是多麼的重要。

在工作中，如果時刻保持一種積極向上的心態，保持一種主動學習的精神，那麼我們每個人都可以做得更好。如果我們不懂得珍惜自己的工作，從而懶惰怠慢、不求進取，那麼，我們註定在工作上會和那位「10 年新手員工」一樣有著相同的命運。

積極的心態就是熱情，就是戰鬥精神，就是勤奮，就是執著追求，就是積極思考，就是有勇氣。要想取得成功，首先就要改變自己的心態，繼而才能改變自己的行為。我們要塑造積極的心態，積極的心態可以幫助我們克服惰性，發掘自己的潛能。

無論從事什麼工作，都要保證每天給自己一個希望，每天擁

有好的心情。你的心態就是你真正的主人。不要讓你的心態使你成爲一個失敗者，成功是由那些抱有積極心態的人所取得，並由那些以積極的心態努力不懈的人所保持。我們要努力做到在絕望中擺脫煩惱，在痛苦中抓住歡樂，在壓力下改變心態，在失敗中找到希望。

55 熱愛自己所從事的工作

我們無法選擇工作本身，但是我們卻可以選擇工作方式和態度。成功人士對於工作都很熱愛，他們努力工作是因爲他們在享受工作。熱愛自己的工作，提高工作效率，才能成爲成功人士。

工作是我們生活的一部份，我們必須熱愛它，否則，我們就會覺得很辛苦，工作業績就不會提升甚至是後退。只有熱愛自己的工作，我們才能把工作上的事看成是自己的事來處理，才會全身心地投入到工作當中，提高工作效率，把工作做好。

工作可以高高興興、驕傲地做，也可以愁眉苦臉、厭惡地做。如何去做，這完全在於我們自己。我們應該充滿活力與熱情來對待工作。要想把一份工作做好，就要去熱愛那份工作。我們只要熱愛自己的工作，才能把工作做好。如果我們從內心就很討厭所做的工作，就不願意爲它付出努力，那麼，我們肯定就做不好這份工作。

我們要從內心去熱愛自己的工作，對工作要上心，慢慢地就

會對工作產生興趣。其實，任何人都有可能不得不做一些令人厭煩的工作。給你一個很好的工作環境，但如果總是一成不變的話，任何工作都會變得枯燥乏味。

　　許多在大公司工作的員工，僅僅是為了生存而不得不出來工作。他們擁有淵博的知識，受過專業的訓練，有一份令人羨慕的工作，拿一份不菲的薪水，但是他們對工作並不熱愛，視工作如緊箍咒。他們精神緊張、神經壓抑，工作對他們來說毫無樂趣可言。這樣的人也許會認真對待工作，但不會取得很大的業績，不會有很高的工作效率，僅僅能夠保持原態而已。

　　我們每一個人都應該熱愛自己的工作，即使這份工作你不太喜歡，也要盡一切能力去轉變你最初的想法，然後去熱愛它，並憑藉這種熱愛去發掘內心蘊藏著的活力、熱情和巨大的創造力。事實上，你對自己的工作越熱愛，決心越大，工作效率就越高。你的工作效率越高，就越會受上司的看重，就會贏得榮譽和不菲的工作報酬，從而你會更加熱愛你的工作。於是，就進入一種良性循環。

　　當你對工作充滿熱情時，上班就不再是一件苦差事，工作就變成了一種樂趣。如果你對工作充滿了熱愛，你就會從中獲得巨大的快樂。

　　快樂地工作，就能工作得快樂。你選擇快樂地工作，就等於在工作中享受快樂，這是人生中最愜意的事情。

　　不管你是做什麼工作的，都能在工作中找到樂趣。嘗試「做一事，愛一事，成就一事」，工作中的樂趣一定會源源不斷地出現，供我們在工作中享受；同時，工作效率也自然會提高。

　　很多人容易對工作產生倦怠感，所以他們不停地更換工作，

適應新工作的同時，享受工作的新鮮感。但是，經過一段時間以後，這種新鮮感一旦消失，他們就會對這份新工作產生同樣的倦怠情緒。其實，如果讓一個人去重覆他已經很熟悉的工作，他就會覺得工作乏味難耐。因為那項工作對他來說不會有什麼新的挑戰出現，不會有什麼新的樂趣產生。

我們都知道，工作是一種生活需要，我們有相當一部份時間都花在了工作上。所以，我們需要喜歡自己所從事的工作，需要學會在工作中尋找到樂趣，這樣就不會感到枯燥了，也能提高工作效率。

曾先生曾有過一段海外留學的生活，其間在一家餐館打工。工作一開始是洗盤子，後來是端盤子，然後做侍應，最後成為當地收入最高的侍應。在我們看來，洗盤子是無比枯燥的事，可他卻把它做好了。為什麼？因為他從枯燥的洗盤子中找到了樂趣。

曾先生說，開始洗盤子時也很痛苦，後來想既然幹了就幹好，並且要快樂地幹，於是換著法兒洗盤子，又很有創意地設計了幾個「飛盤」的動作。這樣很快就發現工作不僅不枯燥，而且充滿了樂趣，自然而然地效率也提高了許多。於是，本來挺費力費時的工作變得很輕鬆。這樣就有了時間和心情去觀察大廚們如何炒菜，漸漸地也幫忙傳傳菜，大廚們便誇他好眼力。嘗到甜頭後，他就更主動地做一些事。他盤子端多了，就想著要端出花樣來。後來就想要看看自己一隻手能端多少個盤子。

用心去做一件事，就不會覺得枯燥，而且幹得很起勁兒。一隻手端的盤子越來越多，終於裝滿菜的盤子，一隻手能放 5 個；在無人幫助的情況下兩隻手可以拿 17 個高腳杯。這樣的樂趣找到了，還愁工作不快樂嗎？

因為他記人名字能過目不忘，再後來他被提拔成了侍應。工作中他以記別人名字為樂趣，他每天都很開心地面對顧客，很受顧客歡迎。所以，他很快成為了當地獲得小費最高的侍應。

曾先生的經歷非常值得我們深思。可以想一想，假如不能在工作中找到樂趣，假如自己不能挖掘出工作樂趣的話，那麼再大的挑戰也會有結束的時候，再好的計劃也會有執行完的時候。那個時候怎麼辦？何況人們常說機會是給準備好的人的，假如不能在工作中找到樂趣，那裏有時間和精力去接觸新的領域？那麼又如何能找來另一份工作的機會？

如何在工作中找到樂趣是現在亟待解決的問題。工作中肯定有樂趣存在，只是我們沒有發現而已。當我們覺得工作有一些枯燥時，不要動輒就想換換工作，我們可以拓展一下工作範圍和深度，從中找到工作的樂趣，讓自己在開心快樂中工作，並且不斷取得進步。

56 從事自己感興趣的工作

一個人成功的幾率和對工作的興趣指數成正比。一個人若能從事自己感興趣的工作，他的潛能就能得到最大限度的發揮，工作效率就會很高，這樣就能最大限度地體現他的自身價值並獲得成功。

對很多人而言，發現自己擅長幹什麼，什麼是自己最感興趣

的工作，是一件很困難的事，因為他們寧可相信別人，也不相信自己。還有很多人只會羨慕別人，或者模仿別人做的事，很少認清自己的專長，選擇自己感興趣的事情去做。所以，他們總是稀裏糊塗地做著自己不擅長的事。

一份不稱心的工作最容易糟蹋人的精神，使人無法發揮自己的才能，最終遭受失敗。

你的工作只要與自己的志趣相投，你就絕不會陷於失敗的境地。人一旦選擇了真正感興趣的工作，工作起來就能精力充沛，有著較高的工作效率，而決不會無精打采。同時，一份合適的工作還會在各方面發揮你的才能，並使你迅速地提升自己。

只有那些找到了自己最擅長的工作的人，才能夠徹底掌握自己的命運。我們發現那些有成就的人幾乎有一個共同的特徵：無論才智高低，也無論從事那一個行業，他們所從事的工作都是他們非常感興趣的事，能在自己最感興趣的工作上勤奮努力是一件非常快樂的事。做自己喜歡的工作，一定能夠提高工作效率，一定可以把工作做好。任何一個人只要選擇自己感興趣的工作，就一定能夠成為有成就的人。

許多人並不知道自己適合什麼工作，也不確定自己到底想要什麼，能做什麼。有時候自認為很明白，把賺錢多少作為找工作的標準。可真正進入工作中，就發現現實與自己的想像相差十萬八千里。

小郭祖上三代都是機械出身的，收入頗豐。所以大學畢業後便和父親並肩作戰，也做起了機械生產。儘管他不喜歡，不過小郭認為做機械賺錢相對容易些。但是，由於缺乏必要的興趣，無論他怎麼努力，工作成績總是上不去，有一次還差點兒被人騙了。

後來，小郭採納了朋友的建議，轉行到感興趣的室內設計行業。不到一年的時間，小郭就在某室內設計公司小有成就，得到公司老總的重用。

其實，一個最賺錢的工作不一定是最適合你的工作，最適合你的工作應是你所喜歡的工作。當所從事的工作與你的興趣相投時，那怕它再平凡，你也有可能成爲一名出類拔萃的人。

由此可見，一個人在選擇自己的工作時，不能只問這個工作可以爲自己帶來多少財富，可以讓自己獲得多高的地位、名望，而主要應該問一句：「我對這份工作是否感興趣？」

很多人因爲所從事的工作與他們的喜好不對路，就整天無精打采，毫無工作與生活樂趣，他們怨歎工作的不幸和人生的無聊。結果，久而久之竟使原有的工作能力都失掉了，只剩下怨天尤人。所以，找工作最好是找自己感興趣的工作，這樣能力得到發揮，才能有很高的工作效率，才能把工作做好做精。

成就感對於一個人來說是重要的，它直接體現了自我的價值。享受工作後的成就感，不但可以得到快樂，還能進一步激勵自己——努力工作。一個人工作越努力，工作效率就越高。

其實，只要善於發現的話，工作的樂趣是很多的。不管工作之前、工作之中會有什麼樣的樂趣，僅僅就提一下工作後的樂趣，就讓人很懷念，很享受。

工作馬上進入尾聲，你通過不斷努力終於完成了工作任務，得到了大家的認可和好評，這時你就會有一種成就感。享受這種成就感，就是在享受工作後的樂趣。

一些成功的人，例如科學家、體育明星、畫家、音樂家或知名演員等，他們是以工作爲樂趣的。除了工作本身給予他們快樂

的享受外，工作完成後的成功也是一種快樂的享受。有的人很用心地去工作，有很大一部份原因就是爲了達到自己的目的──成功。成功就是工作完成後的一種享受。

如果你熱愛你的工作，如果你願意爲它付出努力，那麼你離成功的距離就不遠了。你會因爲你的辛苦努力而嘗到成功的一種樂趣。它會讓你有成就感，有榮譽感。你會更加自信和幹練。你有了工作經驗，你的工作能力有所提高，你的辦事效率會變得很快。你會發現工作後你進步了很多，你會享受到進步的樂趣。

成功固然令人心馳神往，但是，沒有人可以完全避免失敗，碰到失敗我們就不前進了嗎？工作中的樂趣就沒有了嗎？工作就不進行了嗎？成功人士都能深刻認識到，失敗其實就是學習如何使業績不繼續下滑的教訓，是讓自己不再犯相同錯誤的前車之鑑。失敗正是成功的養分，是成功的基石。如果我們能夠誠實地瞭解、分析失敗的原因，失敗就不是絆腳石而是墊腳石。它能夠讓我們認識到自己的不足之處，讓我們提前改正，免受更大的打擊。我們會提高警惕，工作更加認真細緻。少犯錯就是多做事，循序漸進地向前走，慢慢提高工作效率，進步只是時間問題。

失敗是一種暫時性的不便，因爲一時無法充分具備成功所需的知識和技能，所以招致失敗。換言之，失敗是一種避免重蹈覆轍的教訓。許多人因爲一再失敗所帶來的痛苦和反感，便害怕去嘗試與挑戰。其實，失敗並不代表一個人怎麼樣，而是一個值得我們去學習與成長的單一事件。它是我們享受成功樂趣的一個很難避免的前提條件。

有一位優秀班主任的成功感言是這樣說的:「作爲一線的一名普通班主任，面對難管的學生，面對著超負荷的工作，面對著付

出與收穫之間巨大的不平衡，也許你有千條萬條理由選擇放棄班主任的工作，但是，在決定你留在班主任的位置上繼續工作的理由中，一定有一條是最具說服力的，那就是班主任工作能帶給你快樂和幸福的體驗。因為這份工作，在你與學生共同成長的過程中，不斷充實和鞏固自己的教育生涯，因為有了愛著你的孩子們，你會成為世上最幸福的人。那麼多學生關心你，想著你，讓你感動的同時你也會有一些自豪感。你會覺得班主任工作是有意義的，是有很多工作樂趣的。每年都會送走一批畢業生，看著孩子們向著知識的高峰又邁進了一步，作為教師的我們難道不會有一種榮譽感嗎？這不是我們工作的一個階段的成功嗎？這不就是班主任工作的樂趣嗎？」

很多人抱怨薪酬太低，工作量太大。可是有沒有想過自己的貢獻是多少？這是和一個人付出的多少成正比的。

剛到一家公司的時候，小娜期望的月薪是 15000 元，可沒想到正式錄用以後是 20000 元，她當時自然是滿心歡喜，覺得自己的工作很成功。年底老闆還給了一個不小的紅包。這份工作就讓她有一種滿足感和成就感。她很享受這份工作帶給她的成功樂趣。

只要我們好好工作，任何一份工作都有可能帶給我們最大的快樂和幸福。愛自己的工作，為工作努力，想方設法提高工作能力，提高工作效率，把工作做得出類拔萃就是成功，我們就會享受到成功的快樂。

工作在現代人生活中的分量愈來愈重，甚至成為衡量成功的重要準則。工作是獲得個人滿足感的重要源泉，所有積極向上、有意義的工作都會帶來意想不到的好處，甚至成功。

57 始終保持對工作的激情

一個人對工作保持激情，就能以最佳的精神狀態去發揮自己的才能，就能充分發掘自己的潛能，這是提高工作效率的一劑妙藥。對工作充滿激情，能使我們保持年輕，能使我們充滿活力和鬥志，能使我們不斷地取得進步。

一個人能否成就一番事業，工作激情尤其重要。如果一個人整天無精打采、心神恍惚，總是按部就班，很難出大錯，也絕不會做到最好。

沒有激情就沒有動力，沒有動力就不可能全心全意地投入工作，就不可能提高工作效率，就不可能創造性地解決工作中的難題，也就不能感受到工作中的快樂。

在工作中，構成激情的要素有：工作本身的價值與你的價值觀保持一致，相對較高的薪酬，你的工作團隊士氣高漲，個人發展前景良好，上司的賞識和大力支持，人際關係的融洽等。

在工作中始終保持激情的人，無論從事什麼樣的工作，無論做了多久，他們都活力四射，所以他們很容易進步。這樣工作效率就高，薪酬就高，團隊士氣就高，上司就會賞識重用，個人發展前景就好，人際關係也就不會差。

長時間地在某一環境下工作，人們很容易成為技術嫻熟的工作骨幹，但日復一日地重覆相同而瑣碎的事務，就有一種被掏空

了的感覺。如果很少得到上級的表揚，甚至經常得到不好的評價，這樣就很容易會有一種無助感，從而導致工作情緒低落。其實，只要在工作中樹立起使命感，明確自己要實現的價值的話，就能在個人工作中產生勇敢前進的動力。

很多人剛開始，不但幹勁十足、激情高漲，而且對自己的職業前途也會寄予厚望。但慢慢地就會人浮於事，很快就沒有了原先的激情。每一次工作中出現不順心，就會「鼓勵」自己換個工作環境。熱情高漲的工作激情似乎被魔法囚禁起來了，永遠都不能解除禁錮。其實激情在於保持，它就像是一件易燃易碎品，需要你的細心保護。絕大多數人都有種錯覺，認為激情是完全無法控制的，它會受外界條件的限制。其實，激情來自於你自己，你是激情的創造者。想在工作中保持激情並不難，可以和工作「談戀愛」。大家都知道，在戀愛的時候，人們的激情是很高的，即使很久，只要是與自己所愛的人在一起，就不會覺得累。

某人事部經理王輝就是和工作「談戀愛」的人。對此，他說：「我參加工作快 10 年了。因為我的工作總是與人打交道，所以遇到的困難很多，有時候一項決定下來特別容易得罪人。但是，我會自我調節，總是讓自己保持工作的激情。保持工作的激情方法就是和工作談戀愛。首要條件就是得愛上它，不斷地發掘它的魅力，不斷地去征服它。」

熱情像野火般持久蔓延，這樣的精神狀態是可以互相感染的。如果你總是以最佳的精神狀態出現在辦公室，就會把辦公室的人感染得都激情高漲。團隊工作就有效率，而且你會很有成就感。受你影響的人也會很受鼓舞，激情四射，他們這樣的情緒同樣也會感染給別人，從而讓熱情的火焰像野火般蔓延開來。整個

大的團隊都會對工作保持住足夠的熱情。這樣的工作團隊一定有很高的工作效率，一定能夠使團隊越來越大。

顧先生是一個汽車清洗公司的經理，這家店是 13 家連鎖店中的一個，生意很紅火，而且員工都熱情高漲，他們對自己的工作表現都很驕傲，都感覺生活非常美好……

但是顧先生來此之前可不是這樣的，那時，員工們已經厭倦了這裏的工作，他們中有的已經打算辭職，可是顧先生卻用自己積極的精神狀態感染了他們，讓他們重新快樂地工作起來，對工作充滿熱情。顧先生每天第一個來到公司，微笑著向陸續到來的員工們打招呼。把自己的工作一一排列在日程表上，然後一項一項地去完成。他對自己的每一項工作都很有熱情，而且不斷地創新，熱情的溫度從未退卻。他還創立了與顧客交流的討論會。

在他的影響下，員工們找回了對工作的熱情和自信。顧客越來越多，公司的業績也越來越好。公司的整體狀態變得積極上進，業績穩步上升。因為他長期保持工作熱情，總經理決定把他掉到公司上層，讓他的熱情去感染更多的人。

比爾‧蓋茨有句名言：「每天早晨醒來，一想到所從事的工作和所開發的技術將會給人類生活帶來的巨大影響和變化，我就會無比興奮和激動。」這句話闡釋了他對工作的激情。在他看來，一個優秀的員工最重要的素質是對工作的激情，而不是能力、責任及其他(雖然它們也不可或缺)。

人需要激情，工作更需要激情。激情是活力的源泉，是生命價值體現的催化劑，更是發展自我、展現自我的靈丹妙藥。保持激情，我們就會工作著，快樂著，功成名就著。

58 桌上雜亂無章，工作手忙腳亂

如果同時有 265 件事在分你的心，那麼高效率對你來說就是一個可望而又可及的夢想。管理目的是追求效益最大化，而效率是效益的保障和基礎，因此，從根本上來說，提高效率，就等於提高效益。

日本 NEC 和三菱公司的研究人員指出，現在日本很多的辦公室工作人員正在遭受「辦公易怒綜合症」的困擾，而罪魁禍首之一就是雜亂的辦公桌。在接受調查的 2000 人中，大約有 40%的人說，他們經常因辦公桌上雜亂的紙張、用品而發怒。

對此，研究人員說，在工作時間，使辦公桌更具個性化，把更多的注意力放在整理辦公桌上，將減少精神壓力和健康風險，減少「生病」的危險。

「辦公綜合症」研究專家提醒我們，必須高度重視自己的工作環境與健康的關係。他說：「要想對辦公桌進行更有效率的管理，有兩點非常重要，首先，不要忍耐，今天就採取行動；其次，自己親自整理辦公桌，不要讓別人替你整理。」

辦公桌就像一面鏡子，從中能夠瞭解到很多有關座位主人的信息，簡直就是座位主人的「形象代言人」。

整齊乾淨的桌面，說明你是一個辦事乾淨俐落的人，同時也會給自己帶來好心情。辦公桌上雖然東西多，但涉及到工作的文

件往往不可思議地整齊，文檔分門別類放置，往往表明你是一個富有邏輯的人。辦公桌雜亂無章，給人的第一印象就是忙亂，在疲於應對，儘管實際上你可能不是這樣的人，而這種毫無頭緒的「放羊式」桌面，有時候會給你的工作帶來不大不小的麻煩。

一位公司研發部主管，帶領著下屬們不分晝夜地刻苦攻關，終於解決了研究中的一個重大技術難題。

也許是由於連日來的工作太累了，這位主管伸了個懶腰，把攻克這一難題的資料和其他的資料堆在桌子上，就面帶笑容地睡著了。他睡得很香，直到第二天上午才醒來，可一睜眼，發現攻克難關的資料沒了。

原來，公司總裁的孫子為了做風箏，偷偷地溜了進來，正巧拿走了那些非常有用的資料用作風箏的材料。風箏越飛越高，越飛越遠，最後變成一個看不見的小黑點，主管的心血化作了泡影，可對於這件事又敢怒不敢言。

這種事情發生的幾率很低，可一旦發生，就會成為一大憾事。如果這位主管能夠讓自己的辦公桌井井有條，把那些有用的東西放好，把那些無用的東西扔掉，這樣的悲劇應該還是可以避免的。

芝加哥西北鐵路公司的董事長羅南‧威廉士說：「一個桌上堆滿很多種文件的人，若能把他的桌子清理一下，留下手邊待處理的文件，就會發現他的工作更容易，也更實在，我稱之為家務料理，這是提高效率的第一步。」

辦公桌上雜亂無章，會讓你覺得自己有堆積如山的任務要完成，例如需要回覆的客戶來信，需要閱讀的工作報告和備忘錄等，看上去毫無頭緒，足以讓人產生混亂、緊張和壓抑感，讓人覺得時間怎麼分配也不夠用，工作怎麼努力也做不完，面對如此大量

的繁雜的工作，恐怕再大的工作熱情也被沖刷殆盡了。

要做好文件分類。把要用而未分類的文件通通整齊地疊放在一起，放在固定的位置，千萬不要散成紙海，這樣需要某一文件的時候，就有序可循，文件看過之後，可以依自己的分類方式歸納好。

那些報刊雜誌，看過的可以隨手把自己感興趣的內容剪下來，不然就乾脆扔掉。很多人桌子上都有筆筒，堆滿了能用的、不能用的鉛筆、圓珠筆等，不如只留下幾支好用的，把剩下的全收起來，會更清爽一些。

實際上辦公桌上只要擺放工作所需的物件，並且讓它們保持整潔、乾淨、有序就可以了，當然，如果你想讓你的辦公桌更有個性，可以適當擺放一些裝飾品，例如相框、玩偶、擺飾等，不過不要太多，太多、太亂會分散你的注意力，讓你無法專心工作，留下一兩樣具有紀念價值的東西就好了。

美國管理學者藍斯登說：「我贊成徹底和有條理的工作方式。」除了保證辦公桌的乾淨整潔，還有一點，就是要固定物品的擺放位置，例如文件夾固定放在什麼位置、記事本固定放在什麼位置，不要讓這些東西「滿天飛」，你需要它們的時候，不至於手忙腳亂，也便於檢查清理。

心得欄

59 保證「零干擾」，才有高效率

正在專注於一項重要的工作任務，你的秘書進來收集部門裏每個人的生日日期；

部屬總是敲門進來，有問題需要詢問你的意見或請你幫忙解決；

剛買了新車的同事總想和你交流駕駛經驗；

辦公室的電話總是不斷地響起，內容都是一些雞毛蒜皮的小事……

當然了，身處職場，人際關係很重要，可是爲什麼偏偏都在這個時候來湊熱鬧呢？你們沒有看到「我」在忙麼？難道大家就不能稍等一會兒嗎？

日本專業的統計數據指出：人們一般每 8 分鐘會受到 1 次打擾，平均每次打擾大約是 5 分鐘，其中 80%的打擾是沒有意義的，或者是極少有價值的。

信息技術用途專家傑可布・尼爾森表示：「對於從事知識性工作的人而言，每被干擾一次，都要花上 5～15 分鐘時間完全找回你的思路，重新沉浸到你的主要任務之中。」按照這種計算方式，我們每天都是在不斷地被打擾中度過的，而工作的大部份時間都被別人的打擾佔用了。

一般來說，工作中的干擾來自兩個方面，一是主觀方面，二

是客觀方面。

從主觀方面來講，就是管理者自己分散了精力，「開小差」了。例如，正在考慮一個重要問題的時候，突然靈光一現，想出了解決另外一個問題的好主意。

從客觀方面來講，干擾源就比較多了，主要是來自三個方面。一是上司的干擾。正當你處理某件事情的時候，上司會過來「插隊」，通知你完成另外一個任務，使的原來的工作被迫中斷。二是下屬的干擾。下屬的請示、彙報都會干擾管理者，但是對於下屬的請示、彙報又不能置之不理，必須解決。三是來訪者的干擾。作為管理者，必定會有客戶、快遞等人員來拜訪你。不管是什麼人，不管是什麼事情，你都得接待，而他們不會在乎你是否有了什麼安排，只會破壞你的工作節奏。

還有一種來自現代科技的干擾，包括電話、手機、電子郵件、即時通訊工具等。據紐約信息技術研究公司對 1000 名從辦公人員到高層管理者的調查發現，每天被手機、電話、郵件、閒聊等打斷的時間總和為 2.1 小時，佔工作時間的 27%。這還不包括被不重要事情的打斷或分心，以及重新集中精神回到工作上的時間。

一個人只有合理而科學地利用自己的工作時間，才能保證工作效率。

如果你確定在某一段時間內需要集中處理一項重要的工作，不希望被頻繁地中斷，就必須採取同樣的果斷的措施，否則你的時間永遠不夠用，效率永遠提不上去。

首先，自己不要打擾自己。不要一心二用，一邊想著重大決策，一邊想著明天要交差的任務。你要設定工作完成的時間，如果沒有時限，什麼時候完成都行，就等於什麼時候都完不成。

　　爲了不使上司干擾自己的工作，可以定期向上司彙報你的工作，讓上司知道你的工作進度和工作量，同時儘量讓自己的日程安排和上司的日程表同步化，和上司保持協調，上司自然不會三番五次地打擾你了。

　　你要學會關上辦公室的門。辦公室不像飯店，大門不是用來迎客的，敞開的大門永遠意味著四個字——歡迎光臨。你應該爲自己預留出一段「清靜時間」，盡可能地避免一切干擾，你要關閉手機鈴聲，打開固定電話自動答錄機，請你的秘書替你處理一些事情。

　　如果還是有人來打擾，應該馬上向他解釋，你分身乏術，只能另約時間。如果對方堅持立即處理，你應該言簡意賅地解決問題，儘快結束對話，把干擾的損失降到最低。

　　如果事情並不重要，你可以把問題委託給秘書幫他解決。如果不得不長時間打斷工作，最好帶著訪客離開辦公桌，以免一邊想著工作，一邊想著訪客。談話完成，立即回到座位上，繼續處理未完成的工作。

　　對於那種現代科技性的打擾，可以選擇關閉電郵的自動提醒功能、提示音，關閉電話鈴聲，禁用彈出框，選擇隱身功能，可以改用手動檢查，固定查收電子郵件或語音郵件的時間。

心得欄 ------------------------------

----

60 時間寶貴，拒絕拖延

·····································

　　根據美國心理學家發佈的一項調查結果顯示，20%的成年人患有「拖延症」。如果你從工作清單中挑最不重要的事情做，越重要的工作越拖延得久；每次開工都要整點開始，9 點、9 點半、10 點……卻遲遲無法動手；在決定靜下心來做事時，得先去沖杯咖啡、泡杯茶，總想等著萬事具備的時候才工作；不容許別人佔用或浪費自己的時間，而自己卻不珍惜時間；本來在著手一項工作，一有新念頭，就放下手裏的活去幹下一件，那麼，毫無疑問，已經患上了「職場拖延症」。

　　回顧一下過去的工作經歷，有沒有這樣的時候：清晨，上班途中，你信誓旦旦地下定決心，一到辦公室就立即著手擬定部門年度工作計劃；到了辦公室，卻沒有開始工作，因為你覺得不整理一下辦公桌，會影響心情和效率，於是花了 30 分鐘，讓辦公環境變得有條不紊；你面露得意地隨手點了一支香煙，稍作休息，一低頭，發現了沒看完的報紙，情不自禁地拿了起來，等放下報紙的時候，已經 10 點鐘了，你安慰自己身為部門主管，怎能不看報、不讀書，那可是精神食糧啊；剛想埋頭工作，電話響了，一位客戶打來了投訴電話，你不得不連解釋帶賠罪地花了 20 分鐘時間說服他；掛上電話，聞到了咖啡香，原來隔壁正在享受「上午茶」，你毫不猶豫地加入了，而且神聊了一陣；你神采奕奕地回到

辦公室，覺得可以工作了，可一看表，「額滴神啊」，10 點 45 了，11 點的時候要開部門聯席會議，於是，你想這麼短的時間肯定做不完，下午再說吧。

世界上那些最容易的事情中，拖延時間最不費力。「拖延症」不會讓你發燒、頭痛、流鼻涕，但會讓你到頭來疲憊不堪，一事無成。拖延的人未必懶惰。從淺層來看，工作太難、太耗時間，自己能力不足，害怕別人知道自己做不好，都是拖延的原因，但從更深的層次來說，則有完美主義、蓄意抵制、心理頹廢、自我貶低等原因，但不管它出於什麼原因，結果都是一樣的，就是嚴重浪費時間。

在工作的時候，最好消除所有的干擾，關掉 QQ，關掉音樂，收起報紙，將一切會影響你工作效率的東西統統關掉，全心全力地去做事情。這樣你必然效率大增。

美國心理學教授認為，勸導對「拖延症」患者來說作用微乎其微，關鍵還是要靠自己下定擺脫拖拉慣性的決心。其實拖延並不是頑疾，只要針對自己的癥結，對症下藥，就能趕走可惡的「拖延症」，重新找回高效的工作效率。

完美主義害死人。不要總想把事情做得多麼完美，壓力越大就越擔心做不好事，就越遲遲不能行動。不要總是認為這世界上除了成功就是失敗，這種自我擔心是非常消極的。不妨回頭看一下，你所做過的事情，都是可以改善的，但從來就沒有耽誤過什麼。因此與其等著萬事俱備，不如馬上動手，只要隨時改進就可以了。

萬里長城也是一塊磚一塊磚堆上去的。巨大的任務通常會讓人望而生畏，你不妨把大塊任務切割成小塊，變大為小，化整為

零，那麼難題就好解決了。不要妄想一下子做完，那只能被目標本身嚇倒。

與拖延相反的詞，就是立即行動。時間是不允許浪費，因為它只有那麼多。「三思而後行」，當你做出了決定的時候，就要立即全力投入行動，不要為拖延找藉口，就算心存恐懼也要這麼做，即使不知道後面的路怎麼走，也要邁出第一步，這樣你才不會變成一個效率低下的勞「磨」。

61 剪掉浪費時間的會議「裹腳布」

一個人人都隨時開會的企業，是一個誰都不能做事的企業，因為開會時不能工作，工作時不能開會，誰也不能同時邊開會邊工作。一位管理者在會議上花費的時間過多，是企業組織不健全的表現。

你不妨根據下面的幾點，判斷一下你們公司是為了開會而開會，還是為了解決問題而開會？你們公司開會是有效率的，還是在浪費大家的工作時間？

開會的時候總有人分心，例如在紙上塗鴉或者打瞌睡；

總有人不提建議，只提意見，總是在批判別人；

說話的廢話連篇，聽話的意興闌珊；

會議快結束了才想起來主要問題還沒討論；

有人不知道開會目的；

會開完了，既無結論，也沒新點子；

與會人數太多，討論變成了「大論壇」；

發言品質差，不是理性討論，而是比誰聲大；

沒有事先做摘要，也沒有白板說明，大家泛泛空談；

還沒開會，似乎就已經有了結論；

用 Email 就能解決的事，非要大費週章地把大家召集起來研究研究；

報告太長，資料太多，根本沒時間討論；

會場氣氛冷淡，沒有人願意多言……

如果你們公司的會議出現了以上任何一條情況，都說明它的效率和品質存在問題，有待改善。如果有一半以上的現象都出現了，恐怕在你們公司開會文化已經根深蒂固了，不動足以讓它脫胎換骨的「大手術」，是解決不了問題的。

儘管我們強調溝通，會議承擔著相當一部份的溝通任務，但是那些永遠開不完的大會小會所帶來的成本、所造成的浪費，是任何一個企業都承擔不起的。據調查，有 80%以上的企業家都曾經因為會議的高成本而苦惱。提高會議效率，節約時間成本成了眾多企業達成的一個共識。

在「成本管理鐵人」社長進來後，效率再造開始了。為了縮短會議時間，提高討論效率，公司搬走了會議室的椅子，開會時大家都站著。員工們給桌腿套上了自製的大約 30 釐米高的「木屐」，正好把桌子調整到 1 米左右，更便於站著使用。

「難道站著開會不累嗎？」經常被人這樣問。

對此，他是這樣回答的：「站著不動，確實比較累，所以請儘量減少腰部和腿部的負擔，盡可能地找一個舒服的姿勢，動動腳

部的位置。站著開會不會太累，比起東倒西歪地一直坐在椅子上，疲勞感會減少很多。」

　　不僅如此，為了提高效率，激發大家的創造性，還實施了兩條規則：一，嚴禁發表不屬於自己想法的意見，禁止用「大概」、「我覺得可能」、「負責人說」這樣的表述方式。如果有人用了 5 次這種推斷性的表達，就會被強制趕出會場。那些在會議中沒有提過一次問題的人，不讓他出席下一次會議。二，禁止攜帶並分發資料。因為一旦手頭上有資料，人們就會專注於看資料，就不會認真聽對方講解，發言人則會照本宣科地讀資料。大家會把自己需要的資料放到投影儀上，看著投影儀上的資料開會。

　　會議改革的效果非常明顯，開會時間縮短了 75%，但是發言數量和會議品質卻有明顯的提高。

　　美國管理作家理查·懷特說：「縮短會議的方式之一是把椅子從會議室中拿走，因為站立開會的時間大約只佔坐著的一半。」坐著開會，很容易覺得無聊，很容易犯困。站著開會，提神醒腦，人的注意力會比較集中，沒有機會打瞌睡，也就會踴躍地提出問題和建議。討論效率提高了，結論也就來得快了。其實站著與坐著，跟靈感能否出現無關，但跟靈感出現的速度有關，站著的時候，靈感出現的速度能快上 30%。

　　多開會的弊端顯而易見，為了提高工作時間利用率，必須給會議加一個「過濾網」，能取消的會議就取消。無目的、無意義、無主題的「糊塗會」不開；不聯繫實際，不解決問題的「本本會」不開；沒有重點，不分輕重的「扯皮會」不開；不民主的家長作風的「包辦會」不開；沒有實效，先報告，再補充，其次強調，然後表態，最後總結的「八股會」不開；以開會為名，以旅遊為

實的「旅遊會」不開；議而不決，有始無終的「無頭會」不開；沒有準備的「突擊會」不開。

會前要做好充分準備，就算是緊急召開的臨時會議也應該如此。要確定與會人員，原則上只邀請有關人員參加，要提前通知他們，要求他們列出問題、提出提案，並針對問題擬定幾項方案，以便討論。

為抓緊時間，避免會議過分冗長，可以將會議安排在大家有充分時間和精力的時段，最好不要選擇午餐前或下班前進行。按照時間來說，週四是討論問題的最佳時間。

每次開會都要約定結束時間，而且時間不要過長。通常人一旦知道時間很充足，緊張感就會消失，效率也會跟著下降。只有確定結束時間，才可以讓人的注意力更加集中。

62 事半功倍的時間管理方略

時間就是生命，時間就是效益，這句話人人皆知。公司主管在辦事時應當有較強的時間觀念，在有限的時間裏創造出最大的效益。時間對任何人都是公平的，只有你自己去爭，時間才會充足起來。主管必須學會高效地運籌時間。

每人每天擁有的時間都是相等的，但是不同的人在相同時間內所做的工作卻相差懸殊。不會利用時間的總是事倍功半，會利用時間的則可事半功倍。

1. 對時間進行計劃管理

對時間的使用不能幹了算，而要算了幹。把要完成的工作，按小時、按天、按週的先後時序排好，然後按計劃逐個完成。在自己可控的時間內把工作安排得緊張而有節奏，並盡力把不可控制時間轉化爲可控時間，善於在不可控時間內處理事務，使用時間最忌把時間切成零星的碎片，不能把一件完整的工作肢解爲幾次完成。要儘量把自己的時間集中起來使用。集中時間多少要依工作的需要而定，集中得過多，也會造成浪費。一般來說，時間集中較多的人，往往是時間利用率最高的人。

2. 對時間的使用也要計算成本

凡是勞而無功或得不償失的事儘量不去做。計算時間的單位不要用小時，而是用分鐘。越小越有助於督促自己珍惜時間、抓緊時間、充分利用時間。假定一個部門平均每人月收入 400 元，這 400 元佔每人每月創造新價值的 27%，則每人每月創造新價值爲：$400 \div 27\% = 1482$ 元。每人每天工作爲 7.5 小時，每月工作 23.5 天，則每人每月工作時間 $= 7.5 \times 23.5 \times 60 = 10575$ 分鐘，每人每分鐘創造的價值 $= 1482 \div 10575 \approx 0.14$ 元。

如果辦一件事，需要 3 個人工作 5 天，則辦此事的成本爲 $3 \times 5 \times 7.5 \times 60 \times 0.14 \approx 945$ 元。

3. 善於區分重要工作和一般工作

一個人的精力有限，對自己的工作要分輕重緩急。工作一般分三類：急件，必須馬上辦；優先件，儘量去辦；普通件，有空去辦。應把主要時間花在重要的事情上，抓住了關鍵性的工作，才能有效地提高時間的利用率。

4. 利用最佳狀態去做最難和最重要的工作

一個人在 1 天的不同時間裏，精力狀況是不一樣的。生物學家通過研究揭示，人和其他生物的生理活動都有明顯的時間規律。人的智力、體力和情感都顯現出一種週期性的變化，也就是人體內「生物鐘」的作用。管理者應該找出自己在 1 天中，什麼時間工作效率最高，要充分利用自己效率最佳的工作時間，來處理最重要和最難辦的工作，而把精力稍差的時間，用在處理例行公事上。

5. 把常規的工作標準化

如何辦理經常性工作，可以在規章制度中明確規定，照章辦事。同樣的問題出現後，把具體情況和處理辦法寫下來作為日後處理同樣問題的範例。這些範例經過逐漸修訂改進而形成標準化，這可使主管擺脫瑣事的纏繞。主管要保持優化的工作秩序，先是考慮好先幹什麼，後幹什麼，使自己的工作有條不紊，逐步規範化，不能東一耙子、西一掃帚，更不能顧此失彼。

6. 抓住今天，不唱明日歌

只有當天完成當天的任務，而不是拖延到明天，時間利用率才能提高。日本效率專家指出：「昨天已是無效的支票，而明天是預約的支票，只有今天才是貨幣，只有此時此刻才具有流動性。」

立足於「今天」，珍惜「今天」，運籌「今天」，凡今天能做的事，絕不能推到明天。有些主管上任之後，仍不改平日養成的拖遷作風，導致政績平平。

7. 有效地利用零碎時間

所謂零碎時間是指不構成連續時段，在兩件事之間的空餘時間。有效地利用零碎時間，可以增加工作密度，加快工作節奏。

8.提高單位時間的利用率

做任何事情，都要高度集中注意力，以便縮短時間。有成效的主管並不感到自己肩上的擔子壓得喘不過氣來，自信自己的時間是充分的，總認為自己還可以擠出更多的時間來。

9.複合工作法

人的大腦是劃分區域的，如聽覺區、視覺區、語言區⋯⋯各個區域有不同的使命，據說可使兩個或兩個以上的區域同時興奮起來，因此有些工作可以同時進行。有些應酬或不重要的會議，公司主管不去又不行，去了又覺得失去不少寶貴時間。這時一方面表面應酬，另一方面可思考其他工作問題。

10.有效地利用節約時間的工具

如個人備忘錄、檯曆、工具書、通信簿、計算器、電傳、電話、電子郵件、VCD 機、錄影機等。工具齊全、適用，用起來方便、順手，就有助於提高工作效率。

63 提高工作效率只需改變 10%

音樂大師們可能每天都要拿出大量時間進行苦練，才能使技藝略有長進。事實上，他們的技能已經達到較高的水準，但僅為了保持這個水準，他們就不得不付出大量時間練習，更別說在此基礎上再有所提高。

一位古典音樂家坦言：「一天不練，自己知道；二天不練，妻

子知道；三天不練，聽眾知道。」但對職場中的大多數人來講，所從事的工作及工作所要求的素質，都無法與音樂大師相比，所以可以在個人能力方面取得顯著的改善效果，而無需付出太多心血。

道格拉斯參加工作兩年，就成了公司裏最出色的主管，因爲他的辦事效率是最快的，同樣的工作，他總能提前完成，上司也喜歡把一些重要的額外工作交給他去做，他也不喊累，而且每次都能輕鬆完成。他的一位好友向他詢問其中的訣竅，他的回答是：「只要改變或利用 10%，你也能做到。」

(1)多獲取 10%的能量。人較高的工作效率只能保持 1～2 小時，這也是集中精力工作的最佳時間長度。專家研究表明，全神貫注於某種活動 90～120 分鐘後，精力便難以集中。這時你要休息一會兒，以便體內進行生化反應，恢復體能。所以，一個人對能量的攝取量，決定了他精力是否充沛。在你攝入能量的過程中，你要注意兩點：一是午飯不要過飽，否則會使你昏昏欲睡。二是試著「少食多餐」，專家認爲這更利於健康。

(2)工作期間，即使面對著你酒量的 10%的酒，你也不要喝。酒精會麻醉你的神經，使你睡眼惺忪，影響思維能力。工作午餐時，可以要一杯檸檬汽水或冰茶，而非葡萄酒或雞尾酒。

(3)將起床時間提前一個小時。每天提前一個小時起床上班，是一種提高辦公效率的簡便有效的方法。而提前一個小時不會使你感到困倦，相反只能爲你帶來意想不到的效果，你盡可以在辦公室裏開始變得蜂擁一團之前，悠然地品品咖啡，查查郵件，讀讀報紙，回回信件，或者回顧總結一下昨天的工作。

(4)少浪費 10%的時間，盡力避開浪費時間的活動，例如你參

加的那些專業協會、社區聯防隊、志願者團體等，你一定要肯定其確有價值而且自己感興趣才行。千萬不要僅僅為了承擔義務，而隨便參加一個什麼組織，不要去參加那些自始至終你都是一個盲目跟從者的會議，那樣只會浪費你的時間。

(5)讓思考速度提高 10%。思考也是一個不斷進步的過程，它可以被傳授、被學會，，可被實踐和發展。過程很簡單：找出問題所在，匯總所有相關因素，尋求相互之間的關聯，建立一個清單，收集回饋意見，與其他人合作，為新思想的產生提供機會。一旦理解了這一過程並付諸實踐，你的思考速度必將提高，使你更加從容地完成工作。

(6)將工作進度主動加快 10%。並不用費多大力氣，也無須借助什麼高新技術，僅僅是你主動加快了做事的速度，就會取得顯著的效果。

(7)每天最少拿出 10%的工作時間做最重要的事。你要充分利用一天裏精力最充沛、效率最高的一個小時做最重要的工作。在這個專項時間段裏，你要儘量避開外界的干擾，甚至告訴你身邊的同事，如果沒有重要而緊急的事，不要打優你。在安排計劃時，也不要與專項時間段衝突，例如，你的專項時間段是上午 9：00～10：00，你就不要打算 9：30 時去見客戶。

(8)充分利用閒暇時間的 10%。如果按你每天工作 7 小時計算，除去休息的 9 小時，那你的閒暇時間就是 8 小時。如果能利用起近一個小時的閒暇時間，你的辦事效率將會有很大的提高。例如在你等車、買菜的時候，動腦思考一下，也許你的工作報告就完成了，或者很久解決不了的技術難題，忽然靈光一閃，茅塞頓開。再例如乘飛機的時候，在飛機上給你的客戶寫寫郵件，還有助於

跟客戶保持良好的關係。

　　只要你按照以上幾點努力去做，持之以恆，大可不必費盡全力，弄得自己心力交瘁，做事效率會在你持續不斷的進步中得到提高，你的工作一定會非常出色，受到上司的青睞。

64 爭取時間的幾個妙方

　　公司主管在辦事時應當有較強的時間觀念，在有限的時間裏創造出最大的效益。時間對任何人都是公平的，只有你自己去爭，時間才會充足起來，主管怎樣爭時間呢？

　　1.**要培養隨時記錄的習慣**

　　搜集創意、數字以及各類有用的信息，加以整理後記錄下來，可使自己的生活更加充實，知識更加廣博，用很少的時間學到許多活的有價值的東西。如此看來，爭時間的辦法之一，是在會議及重要會談時，帶著筆記本，趁著記憶還很鮮明清晰的時候，把要點趕緊記下來，這樣不但能夠節省時間，還可以避免錯誤。

　　2.**要果斷地採取行動**

　　無論做緊急要事還是平凡小事，優柔寡斷的結果就是失敗。明明一刻鐘就可以解決的問題，拖下去就不是一時半刻能解決得了的。身為公司主管，要時刻提醒自己：把充裕的時間留給特別困難或有意義的問題，不要把大量寶貴的時間耗費在與事業關係不大的一些問題上。

3. 要善於利用電話辦事

電話是現代文明的產物，可以幫助我們節省時間。當我們忙得無法抽身與對方會面時，只需撥通電話，便能把想講的話講清楚，得到有關信息或瞭解有關情況，電話的確是最直接也是最簡捷的工具。

但是，如果使用電話不當，反而會浪費時間，諸如電話閒談、聊天等，因此，若沒什麼重要事情，就應避免多打電話。此外，打電話之前，要先檢查手邊的資料是否齊全，例如說，電話號碼簿，談話內容的準備，記錄用的筆和紙等。

4. 要儘量避免與人雜談

無益於事業或身心的話題，應該減少。談話是人際交往的重要形式。有人估計，人們每天除了 8 個小時的睡眠以外，其餘的 16 個小時中，約有 70%的時間都在進行相互交往交流信息。

談話是一種直接交流，不僅可以交流社會上的各種消息和情報，而且可以交流思想、情感、觀點。交談中往往包含許多生動的細節，如談話的氣氛，談話的表情和手勢等，對於我們瞭解某些情況是很有幫助的。同時，成功的談話，還有聯絡感情，增進瞭解和友誼，消除疲勞和緊張，使心情愉快的作用。所以對於成就事業來說，適度的交際應酬是不可或缺的。但是也應該有限度，假如交談的儘是些無益於事業與身心的話題，那麼，就應該理智地終止。

5. 多多利用空閒時間

在這個社會中，成為富足的標準不是工作時間，而是業餘時間。未來學家貝爾特郎指出，在未來社會裏，人們認為最主要的不是能用於買到一切的金錢，也不是商品，而是業餘時間——這

種時間可能給人們以知識和文化。因此，學者們紛紛預言：在人們有更多的時間由自己支配時，必須設立如何安排、利用空閒時間的課程。於是「餘暇消費」的概念應運而生，對餘暇的合理利用和創造性利用已經成了時間專家們探討的專門領域。假如我們把人的一生按 70 歲計算，除掉學齡前的 7 年，如果一天利用空閒時間學習或工作 2 小時，就相當於多活了 15 年，該能做多少有意義的工作！

6.要留意與工作有關的事

珍惜時間並不是讓主管們變成只忙於各種具體事務，而沒有時間對它們的真正價值進行客觀估價的低效率的工作狂。創造時間的方法之一，就是要懂得在行動中更多地進行思考，而不是排除思考，尤其是在對自己所做的工作厭倦了，容易被其他無關緊要的事吸引時，例如，有的人從事寫作，寫作中要查閱某種資料，儘管他的案頭資料很齊全，但他有可能在翻閱資料的過程中，自覺或不自覺地把注意力轉移到某個與目標無關的問題上，分散了精力，這或許不是好現象。自己作為工作和行動的主宰，要先把不得不做的工作整理出來，各個擊破，方為上策。

7.要先做重要的工作

不少主管認為，提高工作效率就能避免浪費時間，其實，這是一個非常模糊而且錯誤的觀念。實際上，效率有別於效果或效益，與效能更是不能相提並論。高效率並不一定說明效果好或效益好，更不見得就節省時間。

嚴格說來，時間的利用率只與效能相關，效果和效益兩者加起來才稱為效能。即：效能＝目標×效率。這就是說，目標方向正確，再提高工作效率，才會出現效能，在這個意義上，傳統的

那種「時間與行爲」的分析，試圖把一切事情都用最短的時間、最少的動作來完成的研究未必就能提高效能。對公司主管來說，重要的問題應該是如何提高工作效率去減少工作的困難，去做自己一直想做的且確實重要的工作，然後以最佳方式去完成它，這比高效率地去做偶然碰上的隨便一件事情要重要得多。

8. 要尋找可能的替代者

主管從事某項工作，並不是不分事情大小，都不求人，單憑一個人獨往獨來。高明的時間運籌者，不僅善於假物，而且善於用人。如果可能的話，請他人幫忙，也許會替你找出另一個節省時間的方法。

美國某大公司一位年輕的老闆就曾經請求一位效率專家爲他諮詢，他剛從父親那裏接手工作時，尙能輕鬆地經營，但後來即使每天晚上把公事帶回家，還是有堆積如山的工作，效率專家跟他一起到辦公室，瞭解了他的工作方式後，很快將問題的癥結告訴他：任何事情你都嘗試著自己做，別人根本沒有插手的餘地，你花費了太多的時間在瑣事上，反而把重要的經營工作忽視了。真正意識到了問題的癥結以後，才能逐步擺脫困境。

9. 要做到休作有時

會工作的往往都是會休息的人，大凡成就優秀者都有獨特的休息方式。美國前總統克林頓，現任總統布希等都是善於休息和工作的領導人，每天跑步，鍛鍊身體。其實，道理很簡單，如果連續工作時間太長，大腦供氧不足，就無法集中精力有效地工作。

65 提高時間利用的品質

1.要保持最佳情緒

良好的情緒是人生機體的潤滑劑，可以促進生命運動，給人以充沛精力。誰都有體驗，人在情緒好時，心情輕鬆，競技狀態就佳。良好的精神狀態可大大提高有用功，減少無用功。因此，要努力使自己熱愛事業、熱愛工作、熱愛生活、樂觀豁達、目光遠大。尤其是剛剛步入社會、走向生活的青年主管，更應學會控制自己的情緒，使自己善於控制因身體、戀愛和婚姻的挫折以及對新環境不適應而引起的情緒不穩，保持最佳的情緒狀態，以旺盛的精力，良好的心情，度過充實而有意義的高品質的人生，切莫讓憂慮、猶豫和痛苦壓倒自己。這種情緒既不能挽回過去，也不能改變將來，只會貽誤寶貴的現在，浪費寶貴的時間。

2.勞逸結合

從生理學觀點來看，人的全身是一個整體，各個部位所以能和諧地運動，全靠中樞神經系統的調節。神經細胞活動時，消耗神經細胞內的物質，當它處於抑制狀態時，能通過生化使細胞更生恢復，消化血液中帶來的養分。如果興奮狀態持續下去，興奮的物質得不到補償，神經細胞就會死亡。因此神經細胞的工作能力具有一定的限度，有一個臨界強度值。如果工作持續太久，超過了這個臨界強度值，就會出現效率曲線的下滑。這時，就應用

其他的行爲方式,加以適當調節,才能保證工作的持久性和效率。因此,勞逸結合,適當休息顯得十分重要。不能把休息僅僅理解爲睡眠,休息還包括文娛體育活動、散步、旅遊等有益身心的活動,鍛鍊身體是積極的休息。

3.利用最佳時間

一個人在一天 24 小時中,精力各不相同,而不同的人又有差別。有的人早晨精力好,有的人可能晚上精力好,有的人凌晨起床後半小時最容易激發創新意識;有的人喜歡把重大問題放在早飯後考慮;有的人擅長連續思索,思緒高潮往往在連續思索開始後一小時左右出現。據統計,大約 50%以上的人,其能動性在一晝夜之內有顯著變化。其中 17%的人早晨能動性高,33%的人在晚間能動性最高。我們把工作效率最高、能動性最強的那段時間稱爲最佳時間。每個人都應從自己的具體情況出發,儘量將高品質的「時能」提供給最重要的需求,最大限度地開發和利用「時間能源」。

66 制訂時間計劃的技巧

「一日之計在於晨」,在一天開始的時候,就列好一張表,把你在那一天中要做的事都列出來,把你首先要做的事用紅筆劃出來,用綠色的筆把你接著做的劃出來,而用藍色的筆把那些可以留待明天再做的劃出來。今天用藍筆劃的也許就是明天要用紅筆

劃的，也有可能會一直用藍筆劃而最終被鉤掉了。你可以制定你
自己的計劃體系，但是，你必須要有一個計劃體系，否則，你不
會知道什麼已經做完了，什麼還沒有做。把你做過標記的表裝訂
存檔，這樣，當你上司評價你工作的時候，它們可以放在你手邊
以便查閱。

　　注意一下你是不是做了許多救火的工作，這意味著你總是忙
於應付危機，而不能完成你那些計劃好了要做的工作。如果情況
確實如此，那麼你就得安排一下時間，試著儘量避免發生這些危
機。這麼做，也許包括要瞭解一下事情的模式，何時、何地、何
人？這些問題是不是總和同一個人有關？原因是什麼？你也許該
和那些相關的下屬開個會，幫助他們控制一下他們的情緒，以避
免危機的出現。

　　一個部門主管的工作充斥著打岔的事，他的時間被分割得支
離破碎。他和別人之間的交流總是很簡捷，而要做的事情是各種
各樣，無奇不有。換言之；你不會有長時間的、可預見的、不被
打岔的整段的時間。在同時玩弄多種把戲這一點上，女人總比男
人行，而且女人們在被打斷之後，也可以比男人更快地再次投入
工作。也許這是因為她們看過她們的母親對付一團糟的情況，或
許她們自己就曾有過處理混亂事態的經歷。油鍋旺了，小孩在客
廳尖叫大哭，偏偏這時門鈴又響了，真是一團糟。所以對婦女而
言，有時候是「塞翁失馬，焉知非福」，這種經歷反而會對她們的
工作大有裨益，這一點，可能是很多人想不到的吧。

　　接受這樣的一個事實是很重要的，即支離破碎的時間是主管
工作的一個方面，因為你必須要學會處理它們及利用零碎時間完
成工作。如果你想等到有一長段時間時才開始一項工作，你也許

就得永遠等下去了。

下面就是些剝奪你時間的罪魁禍首：

1.任務的耽擱拖延。

2.不斷的電話（把電話先篩選一下，儘量只接一些重要的，而且，如果可能的話，你可以在你精力最不濟的那段時間裏回所有要回的電話）。

3.項目的錯置。

4.不速之客。

5.等候來訪者（這段時間你仍可繼續工作，或者找些事情來做。要懂得充分利用這些空檔）。

6.沒有把工作分派給別人去做。

7.不必要的文山會海（你要考慮一下你在那些會議中充當什麼角色，然後再決定你是否有參加的必要）。

8.不必要的通信（我常常就在我收到的那封信上寫上幾句話，把要回答的簡潔地寫在那上面，然後寄回去。這樣，就可以避免許多像「收到你的信很高興」、「你好！」、「祝你……」那些不必要的客套話。別小看這些，如果你要回十幾二十幾封信的話，節省下來的時間也不是個小數目呢）。

下面列的這些則可以幫助你節省時間：

1.除非絕對必要，否則絕不要在壓力下做出決定。

2.多徵求別人的意見。

3.不要想著事事都要佔著先機。

4.不要怕做出的決定是錯誤的，但要避免再做出那個錯誤的決定。

5.要認識到不是所有值得做的事都要做得完美無缺，你用不

著面面俱到。

6.做完一個決定之後，馬上接著開始做別的事。

7.按事先的預定的方案安排每一天的時間。

8.按事情的輕重緩急制定你每一天的計劃。

9.把你每天要做的事情列成一張表。

10.如果你有助手可用的話，儘量把那些可以由她來做的事分配給她做。

11.注意經常看看你的計劃表，注意不斷地對事情的緩急做一些調整。

12.問問你自己，「現在我最好做什麼？」然後動手。

13.把一件事分成幾個部份來做，這樣你就不需要用一整塊時間來做它了。

14.當你要做的事情實在太多時，告訴你的上司什麼事你打算先擱下不做，什麼事你打算分派給別人做，並徵求一下他的意見。

67 讓你的時間觀念與上級和諧

在你的部門裏談到掌握時間，你或許是一個最講禮節、最守規則的上司。可是，如果你是在一個對時間概念並非很在意的上司手下工作，你該怎麼做呢？

有些人往往對不守時間上的禮貌準則所帶來的不良影響掉以輕心。在那種情況下，或許需要婉轉地提醒甚至「訓練」你的上

司注意禮貌準則，下面是一些建議：

1. 按限定時間與他交流或會談

當你要會見那位缺乏時間觀念的上司時，可以先限定時間再開始會談。比方說，你們約定早晨 10 點鐘見面，開始會談的時候你就說：「我 11 點必須回去參加另一次約會。」這樣就告訴了那位上司在時間上有一個限度，並將導致會談內容更緊湊，更富條理性。

當你需要上司提供信息的時候，你可以用同樣的辦法。比方說，你的上司讓你寫一份報告，而其中你需要的一些信息非得由他提供不可。你可以這樣對他說：「如果你能在星期二之前給我那些材料的話，我一定能如期交出報告。」

2. 在最後期限到來之前再次落實時間安排

交往中有明確的時間概念有助於訓練你的上司遵守時間，然而，這並不意味著用這個辦法一定奏效。你應該準備好提醒上司約定的時間。在一次事先排定的約會前，你可以打電話再次問他：「我們還是明天 10 點見面嗎？」或者，如果你在等待那些講好星期二之前給你的材料，**你可以打電話詢問**：「今天下午我來拿材料行嗎？」

3. 為上司做出安排

雖然你可以「訓練」你的上司，使他對你的時間給予更多的尊重；可是對他，你卻不能老像對你的下屬那樣直截了當。你需要更多地使用交際手段。一種方法就是為上司做出安排，現身說法，通過消除壓力和顧慮，提供可行的解決辦法來證明你可以安排得更好，並且同時為對方解除難題而不只是發號施令。

68 提高辦公室效率的 8 個細節

一個具有時間觀念的主管是受人歡迎的。那麼如何才能提高工作效率呢？以下是 8 個應該注意的細節：

1. 儘快學習業務知識

你必須有豐富的知識，才能完成上司交代的工作。這些知識與學校所學的有所不同，學校中所學的是書本上的死知識，而工作所需要的是實踐經驗。

當上司分配你某件工作時，首先你必須進行事前的準備，也就是擬定工作計劃，無論是實際做出一個計劃表，或僅有一個腹稿。總之，你需要對整個工作的進行排出日程、進度，並擬定執行的方案等。如此才能提高工作效率，成為上司眼中的好主管。

2. 在預定的時間內完成工作

在「時間就是金錢」的現代社會裏，一個具有時間觀念的主管是受歡迎的，尤其是在進行工作時，更要注意按時完成任務。一項工作從開始到完成，必定有預定的時間，而你必須在這個時間內將它完成，絕不可藉故拖延，如果你能提前完成，那是再好不過的了。

3. 即時運用智慧

工作時難免會遭到困難與挫折，這時，如果你半途而廢，或置之不理，將會使上司對你的看法大打折扣，不再賞識你和提拔

你，如此，昔日的優良表現，豈不是付諸流水！因此，隨時運用你的智慧，或許只要一點構想或靈感便能解決困難，使得工作順利完成。

4. 在工作時間內避免閒聊

聊天確是人生的一大享受，尤其是三五好友聚在一起，話題更是包羅萬象。但是，並非每個場合、任何時間都適於聊天，尤其是工作時間應絕對避免。

工作中的閒聊，不但會影響你個人的工作進度，同時，也會影響其他同事的工作情緒，甚至妨礙工作場所的安寧，招來上司的責備，所以工作時絕對不要閒聊。

5. 整潔的辦公桌使你獲得青睞

有人說過，可以從辦公室桌上物品的擺置，看出一個人的辦事效率及態度。凡是桌上物品任意堆置，顯出雜亂無章的樣子，相信這個人的工作效率一定不高，工作態度也極為隨便。相反地，桌上收拾得井井有條，顯出乾淨清爽的樣子，想必是個態度謹慎、講求效率的人。事實也的確如此。一張清爽、整潔的辦公桌確可增加工作效率。另外，還可以使別人對你產生良好的印象，認為你是一個做事有條理的人。

6. 離開工作崗位時要收妥資料

有時工作進行一半，因為上司召喚，客人來訪，或其他臨時事故而暫時離開座位。在這樣的情況下，即使時間再短促，也必須將桌上的重要文件或資料等收拾妥當。或許有人認為，反正時間很短，那麼做很麻煩，而且顯得小題大作，其實問題往往發生在你意想不到的時刻。遺失文件已經夠頭痛了，萬一碰巧讓公司以外的人看見不該看見的機密事項，那才真正叫你「吃不了，兜

著走」呢！

7.因業務外出時要保持警覺

商業間諜早已不是什麼新鮮名詞，更何況業務機密的洩漏，往往是人為的疏忽造成的。作為公司的一名主管，免不了要因業務外出，在外出搭乘交通工具，或中途停留於某些場所時，應提高警惕，留意自己的舉止。即便是在上班時間以外與朋友會面，也應避免談及公司的事情；不要將與公司相關的文件遺忘在外出地點；當對方詢問有關公司的事情時，應該採取避重就輕的回答方式；外出時公幹不可為了消磨多餘的時間而隨意出入娛樂場所。

8.做瑣事要有耐心

一位缺乏經驗的新主管，自然無法期望公司將重要的責任交由他來承擔，換言之，剛剛開始接手的工作往往以一般的雜務居多。這種情況對於剛剛踏入社會，雄心勃勃地準備一展才幹的青年來說，極易令他們產生不滿。

可是無論心中是多麼不樂意，也不要讓這些想法溢於言表。從公司的角度來講，培育一名新人不容易，必須由基礎開始，讓他們一點一滴地學習工作內容，等有了一定熟練程度後，才逐漸委以重任。你明白了這一點，便會自覺地做那些瑣碎的雜務。總之，你應當記住，「一屋不掃，何以掃天下」。

心得欄

_____

_____

_____

_____

69 實現目標的「黃金」步驟

　　想要在職場中獲得一番成就，明確的目標是最重要的首要條件。在工作中只有目標明確，並朝著這個方向不斷努力，才能提高工作效率，才能獲得更高的業績。

　　從前，有一位父親帶著三個孩子，到沙漠去獵殺駱駝。他們到達了目的地後，父親問老大：「你看到了什麼呢？」

　　老大回答說：「我看到了獵槍、駱駝，還有一望無際的沙漠。」

　　父親搖搖頭說：「不對。」

　　父親以相同的問題問老二，老二回答說：「我看到了爸爸、大哥、弟弟、獵槍、駱駝，還有一望無際的沙漠。」

　　父親又搖搖頭說：「不對。」

　　父親又以相同的問題問老三，老三回答說：「我只看到了駱駝。」

　　父親高興地點點頭說：「答對了！」

　　這個故事告訴我們，一個人若想走上成功之路，首先必須要有明確的目標。

　　目標就是方向，只有方向正確了，思路清晰了，然後通過努力，才能達到目標，進而獲取成功。

　　目標一旦定下，它就成為你努力的依據，也是對你的鞭策。可以說，目標給了你一個看得見的靶子。隨著你實現這些目標，

你的心中會越來越有成就感。制定和實現目標有點像一場比賽，隨著時間推移，你實現了一個又一個目標，而這時你的思想方式和工作方式又會漸漸改進。

制定目標有一點很重要，那就是目標必須是具體的，可以實現的。如果計劃不具體，無論它是否實現了，都會使你的積極性有所降低。這是因為向目標邁進是動力的源泉，如果你無法知道自己向目標前進了多少，你就會洩氣，甚至放棄。

許多工作勤奮的主管甚至是具有成功潛質的人，都沒有一個具體的目標。想一想你的目標是什麼？是每月賺 5000 塊錢還是幾萬塊錢？不要空泛地說「我需要很多很多錢」，那樣沒有用，你必須確定你追求的成功的具體評價標準。你對目標制定得越週到，對它的檢視越仔細認真，成功的希望就越大。由此可見，設定一個具體可行的目標是必要的。試著每星期花一個小時，檢視自己的目標，評估自己的表現，並為下一步行動做計劃書。

花在檢視自我人生目標上的時間越多，你的目標就越能夠與你的人生結合。但是千萬不要以紙上談兵代替實際行動。要知道，沒有行動，再好的目標也是一紙空文。

當然，任何遠大的目標都是不可能一蹴而就的。為了實現遠大的目標，你還得建立相應的中期目標與近期目標，由近期目標逐步向中期目標推進，再由中期目標實現遠大的目標。這樣才能切切實實地看到財富的積累，從而增加成功創造財富的希望，才能最終達到創造財富的目的。

大目標都由小目標組成。每個大目標的實現都是幾個小目標小步驟實現的結果，所以，如果你集中精力處理當前手上的工作，心中時刻記住你現在的努力都是為實現將來的目標鋪路，那你就

能成功。

目標還有個好處就是有助於你評估工作的進展。不成功者有個共同的問題就是他們極少評估自己取得的進展。他們大多數人或者不明白自我評估的重要性，或者無法衡量取得的進步。

而目標提供了一種自我評估的重要手段。如果你的目標是具體的，看得見摸得著的，就可以根據自己距離最終目標有多遠來衡量目前取得的進步。

下面是六個具體實現目標的「黃金」步驟：

1.簡單地說：「我需要很多很多的錢」是沒有用的。要在心裏確定你希望擁有的財富具體數字。

2.確確實實地決定：你將會付出什麼努力與多少代價去換你所需要的成就。

3.沒有時間表，你的船永遠不會到達彼岸。所以要規定一個固定的日期，一定要在這日期之前把你想要的錢賺到手。

4.擬定一個實現你的理想的可行性計劃，並馬上進行。耽於幻想，而不去行動，目標就永遠是空中樓閣。

5.將以上四點清楚地寫在紙上，不要僅僅依靠你的記憶力，而一定要體現為白紙黑字。

6.每天兩次、大聲朗讀你的計劃，例如在晚上睡覺以前，在早上起床之後。而且你朗讀的時候，就想像自己已經看到、感覺到並深信你已經擁有這些成就。公司中有太多這樣的主管，他們對生活有一點小小的改善就心滿意足。他們沒有想過、或者沒有給自己制定明確的目標。很多主管工作勤奮只是為了能在所在的公司呆得下去，只為了能夠達到眼前糊口的目的，卻沒有什麼更遠大的理想。他們工作努力，但沒有遠大的志向。這樣的人只能

永遠處在低級的職位上，無論他們多麼勤奮，都不會有什麼大的作為。

70 使用備忘錄的技巧

在大多數的指示型備忘錄中，你會發現它們都包括這樣一些典型的要素。

1.需要做什麼。

2.為什麼要做它。

3.怎樣來做。

備忘錄應該被限定僅有一個主題，要簡潔、清晰、準確。在消防演習的備忘錄中，如果記錄者弄反了警報信號和警報解除信號，則肯定是一次混亂的消防演習！備忘錄還應該讓讀者知道期望他們做出什麼樣的反應。在消防演習的備忘錄中，不要求員工做出書面的反應。而其他類似的備忘錄，如詢價則要求讀者做出回答。如果你需要讀者的回答，要確保在備忘錄中提出你的要求（「小金，請你在本週末把這一情況告訴我」）。

給高級管理層的備忘錄常常包括信息或請示。其他的備忘錄僅是「為了做記錄」。其實，很多備忘錄是為了作為保留材料而寫的，以使管理層意識到他們的問題得不到幫助（「我們無法按時完成卸貨任務，因為我們的供給商發貨遲了」）。這種備忘錄很容易識別，因為發送者常常會給大樓中的每個人一份拷貝。要把這種

備忘錄減少到最低限度，它們只是一種託辭和藉口。

　　備忘錄也常常是非正式的。通常不包括題頭，它們盡可能用少量的文字表明觀點、下達指示、詢問信息或提供信息，然後就結束了。只要它能表明自己的觀點，那怕只有一句話，並且得到對方回覆的備忘錄也只是一句話，這種情況無可厚非。

　　有些主管非常樂於寫備忘錄，他們甚至寫給公司的每個人。

　　你的備忘錄受到注意的程度與你發出的備忘錄數量成負向關係。那些利用一切機會(包括可以通過電話解決問題的情境)發送備忘錄的人，會發現自己的溝通常常受到忽視。要保證你所表達的東西很重要，書面備忘錄是最恰當的溝通方式。

　　主管發送給下屬的備忘錄有時並未獲得實質的意義。主管所下達的指示被忽視了，就好像他們根本沒有寫一樣。你如何能保證下屬們遵守書面指令？下面給出一些建議：

　　1.使備忘錄清晰整潔，完全表達你的本意。

　　2.使用正面指示而非負面指示。例如，要在備忘錄中這樣表達：「員工必須於早上 8：00 之前準時到達。」

　　3.備忘錄要明確表明主管期望執行什麼樣的指示。

　　4.使指示與能力匹配。給下屬的指示不應該是他們缺乏經驗或技能因而無法實現的。

　　5.留出充分的時間，不要傳遞「閃電行動」這類令人驚恐不安的備忘錄，它以損失當前工作為代價來完成應急的活動。

71 制訂工作計劃

在企業管理中，無論其規模大小，無論其成功與否，都有自己的業務計劃，所以，根據組織目標制訂工作計劃是不可避免的。

◎瞭解目標

在制訂自己的工作計劃時，通常是以組織的目標爲基礎。因此，必須先仔細瞭解組織的總體目標，這點很重要卻總是被忽略。另外，還一定要花時間想清楚自己是否還希望學習、成長。如果你想要的是學習新技術，你的工作計劃就必須加入學習計劃；如果是想增加收入，就必須制訂增加業績的計劃，或是調換部門的準備計劃。所以，只有先瞭解公司的年度目標以及個人的年度目標，你在制訂工作計劃時才不會無所適從。

◎分析具體工作

應試著去分析自己必須要做的事，弄清楚相關事項，例如，什麼事是必須做的、應該怎樣來做、爲什麼要這樣做、在什麼地方做、在什麼時間做及該由誰來做等。

拿出一張紙，在中間畫一條線，一邊列上自己必須完成工作

的所有理由，另一邊列上所有要拖延的理由。記住要列上所有你能想到的，然後再比較二者。假如這件工作真的很重要，你就會發現要完成它的理由比要拖延它的理由多得多。你只要把這些理由寫在紙上，它們會給你一個開始工作的好動機。

假如發現要拖延的理由比較多，把這件工作丟掉，去找別的工作。假如一直在做一件工作，而它會使自己憂慮，有挫折感，而自己也想繼續做下去。若不是真有一個好理由讓你繼續做它，那最好別做了，重新開始新的一項吧！

◎觀察研究工作

若對自己的工作一無所知，則會讓自己產生漠不關心的情緒，而漠不關心是拖延的前奏。所以，多研究你必須做的工作，可以幫助你克服這兩者毛病。全身心投入你的工作，假如它值得你去做，它也就值得你去研究。假如你不清楚狀況，就多觀察一些，收集更多的資料，也可以當作一種準備工作，它會給你一股力量去開始工作。你知道得越多，你就越有興趣。運用這些新的知識，你就會覺得很容易而且可以更快地完成它。當然，對於研究工作，最好能按以下的步驟進行：

(1)將分析工作階段情況匯總，確定該工作是值得做的。

(2)收集資料，瞭解完成類似工作的方法。

(3)對工作進行清楚描述，預測完成期限及成果。

◎做好工作細分

假如你覺得工作很複雜，那就把它們分開做。儘量去分開它，直到瞭解它的構成為止。假如你一點兒一點兒去做，你會做得更多。假如你把工作劃分得很好，那就只需要幾分鐘的時間就能完成一件具體的工作任務。你會發覺完成工作的速度比你預計的要快很多。你也會發覺，這樣比你原來所想像的容易多了。

細分你的工作，對那些不太令人愉快的工作尤其有效。即使是不喜歡做的工作，每個人也都能做上短短的一些時間。因此，把困難的工作分解成細小的工作，然後把它們安排在你喜歡做的工作空當之中。這樣你就可以利用零碎的時間完成它。

在細分工作的過程中，你可以做好以下幾方面工作。

(1)為自己製作一張信息卡，用於工作期間電話、會談等記錄。

工作日誌表

工作內容	優先順序	完成時間	完成情況

(2)制訂詳細的工作日誌。

(3)當每天要完成的工作很多時，每項工作最好預留一定的機動空間，在突發情況下能從容應付。

72 合理分配任務

如何合理分配工作任務，在很大程度上取決於自己的合理安排。如何才能合理安排工作任務，就需要對工作有一定的把握能力。

◎開出任務清單

1.列出待做的事情

將事情進行合理分類，這樣可以為主管分配貨源提供可查的依據，便於極大地發揮資源的效用，以利提升主管的工作效率。通常而言，事務一般可以分為三類：

(1)日常事務。例如提出報告、定期會議、拜訪客戶、開展工作執行檢查等。

(2)來自上司、同事、客戶、供應商等特殊要求。由口頭、電話、信件、傳真或電子郵件等表達。

(3)自發性工作。例如準備組織的變革、結構的改造等。

2.對任務進行分類

對清單上的任務進行分類時，可按以下原則進行：

(1)任務的重要性。例如任務對於工作、組織機構、團隊或其他任何相關人員的影響程度。

(2)任務被分配的來源。要根據期望完成任務的人的重要性來定。例如，似乎並不十分重要的任務，但如果由董事長或一位關鍵客戶提出，這類工作就應當有更高的優先權。

3. 排出任務優先權

應根據重要性、緊急性的準則給出任務的優先權，同時考慮一下能夠獲得那些資源來完成這些工作，並且評估該優先權下的任務能否在有效時間內完成。如果這是困難的，將這一優先權收回並集中於重要的任務，同時從任務清單中清除掉這項任務，直至進行新的商議。

4. 確定任務清單

做完以上事項後，任務清單就完成得差不多了，這時就要求結合自身實際情況，填寫任務清單列表，把它貼在顯眼的位置以便時刻提醒自己，甚至可以公開自己的任務清單，通過下屬的關注和監督來刺激工作快速有效的完成。

任務清單表

日期	工作任務	任務類別	完成時間	完成情況

任務清單的開列看起來好像是難以應付的工作，但是一旦養成習慣，再面對龐大的工作量或衝突性的任務時再也不會束手無策，而會自覺地在每週的開始列清單，使之系統化、層級化，並且會發現完成這些任務並不是那麼麻煩的。

◎設置優先順序

1.設置優先順序原則

(1)判斷力。要對將做的事有極強的判斷力，由於沒做某些事而帶來的內疚感有助於增強判斷力。

(2)相關程度。在比較任務和活動的時候，應清楚地知道那些事務更爲優先，你必須經常問自己：「現在做什麼事最不浪費時間？」

2.依據目標決定順序

在準備進行一件工作的時候，往往會碰到一些需要解決的雜務。即使下定決心開始工作，還是免不了要複印，或是接一下電話。誰都有過這樣的經驗，在開始工作之前，時間已被一些雜務給佔據了。然而，如果把時間花在這些雜務上面，重要的工作就沒辦法做了。常看人忙進忙出，忙得不得了，但究竟是爲雜務忙？還是爲工作忙？這差別很大的。即使看起來時間都是一樣過，但一分一秒的價值是完全不同的。

在決定工作優先順序時，先把一些該做的事情逐條列在表上。然後調整先後次序，最後按照這順序工作。這個程序說起來蠻簡單的，但只要能夠依照這個程序進行，工作效率必定會有顯著的不同。

惟一的問題是，根據什麼標準，決定優先順序？一般工作優先順序的標準是根據工作的重要程度。依照現在目標，認爲最重要的事情，自然就容易了。

譬如，買考試要用的參考書。假定買參考書來回需要 2 小時。

如果拜託要上街的家人順便買，而把這 2 小時用來讀書，是不是比較有價值？買書的 2 小時和讀書的 2 小時，其內容完全不同，這是大家都知道的。

時間如果被雜務所佔用，則原先可以完成的工作勢必會受到影響。而且，值得注意的是，這些雜務往往不是什麼大不了的事。同時，在進行一項工作之前，就要先分清楚事情輕重緩急，決定工作的優先順序。如果沒有決定工作的優先順序，則在工作時常常會被其他事情所耽誤。

清楚地設定優先順序，是進行工作時不可欠缺的。如果決定好工作優先順序，日後辦事就方便多了。因為只要不變動順序，按部就班地做就可以了。這也是決定優先順序最大的好處。

3.利用 2：8 定律

美國有位富家子弟，繼承了他父親幾個大企業的遺產。雖然他一年從早忙到晚，企業卻逐年虧損，不到幾年，瀕臨破產。後來，他不惜重金，聘請了一位企業顧問。這位先生勸他說：「你每天早上，先把當天要幹的事情按重要程度、急緩程度列出來，排在前邊的 20%的事情，無論如何要做完；至於 80%的事，看你的心情和精力如何，決定是否去做。」他照辦了，很快，企業就煥發出了活力，扭虧為盈，而他，也比以前輕鬆多了。

2：8 的原則，符合人的生理和心理需要。人的精力和生命都是有限的，要利用有限的時間和精力，把握重要的 20%的部份，然後再去把握 80%的部份。也就是說，重要的東西大都集中在較小的部份。其比例為 80：20，如果在工作的時候，能夠集中精神在這重要的 20%，等於達成了 80%。也就是說，工作量不見得一定要做到 80%，只要能掌握住重要的 20%，就一切 OK 了。無論工作

或是讀書,想要把該做的全部做完,總是不太可能的,一個人做事免不了會受到時間、空間的限制。因此,如果不先把重要的部份掌握住,到最後可能就沒時間,也沒機會了。如果抱著凡事盡力的完全主義,到頭來往往是事事落空。

4.貫徹始終

想要決定工作的優先順序,最重要的是目標要明確。目標如果不明確,就沒有判斷工作輕重緩急的標準了。譬如,如果以通過司法官考試為當前的目標,則一切工作順序都可以此目標為判斷基準。然而,如果一下子想考取司法官,一下子又想當個成功的上班族,目標不明確根本無法判斷事情的輕重緩急。

因此,分析自己現在想做什麼是很重要的。決定了當前的目標,就全力衝刺。目標如果能夠常保明確,無論工作或是讀書的效率,都能提升。

◎ 適當安排時間

如何為工作任務安排時間,很大程度上取決於自己所設定的工作順序,根據 2:8 定律,要想提高工作效率,主管就應把 80%的時間投入到 20%的重要工作中去。那麼怎樣確定 20%的工作呢?然後又怎樣分配到這些工作人中去呢?這就需要上司有較強的時間觀念和一定的工作能力。通常說來,要想安排好這 20%的工作,可從以下方面入手。

1.設定重點

對於上司而言,有了目標,還不能保證它的實現,還需要確定重點,就是在眾多可能性中,把那些在通向目標之路上非常重

要、不太重要、次要或完全不重要的事情分別過濾出來。爲了能做到將時間分配到重要的事情上，則應當將任何外界決定因素和其他各式各樣的工作放在一邊，突出實現目標的重要方面工作。全力將自己的時間集中於這項工作上，切忌眉毛鬍子一把抓，將自己的時間過多放在日常瑣事上。

2.設定優先順序

將所有待處理的工作，按其與目標的關係，排成一個級別次序，可以把重要的從不太重要的次要的工作中分開，先完成最高優先順序的工作。這樣，就可以強制自己集中於重要的事情，從而避免了以次要瑣事來消磨、以例行公事來扼殺時間了，如果自己瞄準目標，將有待完成的工作按等級有序排好，就會做到集中精力辦大事。只有如此，才能始終如一地將時間合適的分配到恰當的工作中去。

3.巧用 ABC 分析法

要想有效地確定工作重點，可運用組織日常管理中最爲常用的 ABC 分析法，將工作分爲 A、B、C 三類，A 類工作最爲重要，B類工作較爲重要，C 類工作是費時的例行日常事務或不是較重要的瑣事。在這三類工作中，依據經驗給出工作量與時間耗費之間的關係，任務 A 在量上最不足道，但卻帶來真正的工作成就，因爲它在質上貢獻最大。與之相反，任務 C 在量上表現最強，但在質上對真正的工作成就影響最小。任務 B 在時間耗費與結果之間大致相等。然後依照這種關係，給出各類任務的合適時間。

◎合理分配精力

當爲工作任務安排適當的時間和優先順序後，接下來就是爲它們合理分配精力了。俗話說，「好鋼要用到刀刃上」，所以同工作任務的排序一樣，精力的重心同樣要用於重要的工作上，作爲主管，該如何合理分配自己有限的精力呢？

1. 集中精力做關鍵的事

作爲上司，要想合理分配有限精力，充分利用每一天，在最短的時間內做最多的事情，就要先揀生活中最關鍵的工作首先去做。

在精力充沛時，用最短的時間，解決最關鍵、最難辦而關係全局的事情。爲達到此目的，就要善於砍掉沒有效益的活動，讓自己有足夠的時間投身於重要工作，這是提高工作效率的秘訣之一。

2. 做自己該做的事

作爲上司，工作中還要善於授權，下屬有權處理而且有能力處理好的事，一律交給他們去辦，只聽他們處理結果的彙報。

有的上司特別愛管閒事、愛打聽閒事，不是自己職權範圍內的事也要到處打聽、伸手去管，自己的本職工作做不好，反而到處爲別人操心，這將浪費大量的精力，並且這樣的精力浪費往往是低效率的。

3. 頭天做好計劃

下班前 30 分鐘，計劃好第二天上午要處理的首要兩件事，這兩件事應該難度大、權重高，但費時不多。並準備好處理此事所

需的材料，按程序排好。第二天，一上班就立即開始工作。沒有特殊的意外，千萬不要打亂定好的日程安排。

4.實行工作外包

當你越來越忙時，就會瞭解到自己能做的工作量，會因自己的體力，以及白天工作的時數而有所限制。所以，最好的方式就是把自己的時間，花在更重要的工作上，把不需要自己或下屬做的事，僱用其他外界專業的人士協助，幫助自己完成這些事。這樣，由於他們的效率較高，可以比你或你的團隊花更少的時間就把工作做好。

73 合理支配時間

當你無計劃地使用時間、當你爲應酬流失時間、當你習慣性地拖延時間、當你事必躬親誤了時間、當你爲電話纏身浪費時間、當你文件滿桌費了時間，你就知道爲何與成功者有那麼大的差別了。作爲主管，如何有效且合理地支配時間，並把時間管理好。否則，是沒有什麼效率可言的。

要有效地進行時間管理，我們要善於使用時間計劃工具。

1.不同類型的計劃工具

記錄將來計劃的傳統方式，是記在日誌上。根據工作的性質來選擇適合自己的記事簿。你也許要每天有一整頁紙來記事，或者更重要的是你能對一週的工作一目了然。

2.利用日誌制訂計劃

對於日誌的使用，你要做的第一件事就是要養成習慣，當約會和安排的事一旦確定下來就要及時地記上去。還要註明籌備工作應該比會議正式召開提前多長時間，要記住留出準備工作所需的時間和赴約會時在路上花費的時間，以及完成後續工作或寫事後報告所需的時間。

3.編制工作進度表

當你依據緊迫性和重要性把你的全部工作分成 A、B 和 C 三種類型時，你也許會被所面對的一系列任務和最後時間期限壓得喘不過氣來。抽出幾分鐘時間來繪製一張工作進度表，是個不錯的解決辦法。把所有要完成的任務寫上去，無論大小，以及每個任務的最後期限。這張表不僅可以減輕思想上的壓力，而且和日誌式的工作圖表相比，它能更為直觀地讓你對整體情況一覽無遺。隨之，某些問題也就迎刃而解了；例如，你可能會發現，沒能按期進行的某種新產品的行銷計劃竟還可以被推遲，因為這種新產品裝配線本身的運作就延遲了。假若一旦接受了新的任務，就要在進度表裏加上它們；同時也要及時劃掉已完成的任務和請人代辦的工作。

4.有效地使用進度表

你的進度表中的 A、B 和 C 類任務特徵要鮮明。進度表要靈活，能夠隨機應變；劃去你已經完成的任務，添上新任務，重點標示那些優先考慮改變的條款。如果你願意，還可以把相似的任務結合起來，例如，在所有要打的電話旁畫一個星形標誌，在所有要寫的信件旁打一個叉，並且重點標記那些要安排的會議。這樣有助於你一眼就看到有那些事要去辦，並鼓勵你把相似的工作一次

完成。

5. 制訂長期計劃

在你的工作進度表裏，許多工完成之後並不因此消失，這些任務在一個工作年中常常週期性地反覆出現。例如，你也許會把某種產品在每年的相同時間裏瞄準特定的消費者。爲了把時間有規律性地分配給重覆出現的任務，就需要一個長期的規劃作爲短期計劃的補充，例如一幅帶有彩色標記的掛圖。利用明亮的色彩標識出規律性的任務，這樣你能夠一眼就看出工作是否繁忙，並能依此提前制訂計劃。

一年的工作計劃表

月份 項目	1月	2月	3月	4月	5月	6月	7月	8月	9月	10月	11月	12月
年終財政			①②									
預算			③④									
銷售會議			⑤									
全體大會												
商務旅行												
招聘人員												
推動工作							⑥⑦					
員工評估							⑧⑨					
覆審支出												
備註	①三月份是一年中最忙的時候。 ②預算工作有規律地進行。 ③銷售會議的準備時間已經包括了進去。											

④如果工作相互重疊可加長時間。
⑤要給評估工作留出充分的時間。
⑥跟進業務的時間可與商務旅行的時間合併。
⑦ 10月份放假。
⑧離家的時間。
⑨留作參加公司活動的時間。

74 克服文件滿桌

‧‧‧‧‧‧‧‧‧‧‧‧‧‧‧‧‧‧‧‧‧‧‧‧‧‧‧‧‧‧‧‧‧‧‧‧‧

　　只要對主管的辦公桌稍加留意，大概都能獲得這樣的一個共同印象：多數的辦公桌都堆滿文件，其中有一些辦公桌甚至雜亂得不堪入目。辦公桌是最重要的工作領域。倘若各色各類的文件被堆積在該領域內，則工作效率無疑地將受影響。因為文件的堆積將妨礙注意力的集中，導致情緒緊張，以及增加翻查的時間。從時間管理的角度來看，文件滿桌也是一種病。要想改善，則可通過以下途徑：

1.整理辦公室

　　有條理地佈置你的工作場所產生的效果就是不一樣。從寫字桌開始，建立一套系統來切實保證在逐漸增多的文件堆裏不會有任何東西丟失，然後再來對付檔案櫃、書架和週圍的東西。

2.文件處理

　　設想你的寫字桌就好像是一條流水線，原材料(大多數是紙)

從流水線的一端進入，在它被送到下一個環節去之前由機器（你的頭腦）進行加工處理。你要瞭解文件的緊急程度和他們要被送到那裏去，所以文件一到，你就要快速地翻看一下，如果文件緊急，則立即採取行動或派人具體處理；把不緊急的和還要等其他條件滿足後才能處理的文件放到待處理文件盤裏去；而把不緊急的文件放入其他文件盤中，待日後處理。

3. 文案工作條理化

為了能夠確保在限定的日期之內處理完寫字桌上現有的全部文件，則要建立起新的工作方式。要立即處理緊急文件；對於非緊急文件，每天要留點時間把你的文件盤點一下。如果你要採取任何行動，把它記錄到你的進度表中。把以後要閱讀的文件進行歸檔（或作為參考資料保存），而把你不需要的任何東西或早已處理完的東西扔掉。

(1)處理文件。要花時間來處理每天送來的文件。處理文件時要有原則，並按下述簡單的方式來保持你的辦公桌整潔。

(2)定期整理辦公桌。定期整理辦公桌。有效利用辦公桌的空間，會使你井井有條，並能很快找到所需的東西。

4. 歸檔文件

花費時間建立一個有效的檔案系統是非常值得的。想一想，你為了尋找那些隨意亂放的東西，浪費了多少時間。所以，選擇一種適合自己貯存資料的系統是值得的。

(1)整理檔案。檔案系統的工作方式必須與電腦的搜索功能相同。檔案的查詢關鍵詞一定要能夠引導你按一定的順序找到該文件存放的地方。這種查詢順序的設定是由你工作的性質來決定的。

(2)逐層分類。如果檔案櫃裏的文件只被分為幾大類的話，在

大的類別中再細分，使之更易管理是個絕妙的主意。例如，一位同時負責若干項目的發展部經理可以把文件按不同的項目分開管理，再將每個項目分成若干部份，每個部份都有一個獨立的檔案。另外，把你的檔案文件按基本需要分成幾個大類。把那些經常要用的靠近你存放，而把那些只要偶爾參考的放得遠一點，其餘的存檔，若不會再用到就乾脆扔掉。

(3)清晰地加上標籤。用標籤標識檔案效果很不錯，通過顏色和標籤上的文字能夠立即說明檔案的所屬級別和分類情況。

例如，銷售經理可以把有關海外客戶的文件用貼上紅色標籤的紅色檔案夾來歸檔，而把有關國內客戶的文件放入貼有藍色標籤的藍色檔案夾裏，在每一張標籤上寫上客戶的姓名。無論你採用什麼方法，一定要便於你和其他使用者理解。為了便於參考，要列印一份總條目和分條目的一覽表。

利用色彩標識的方法可以使你一眼就找到某一類型的檔案，大大減少耗費在尋找文件上的時間，從而提高工作效率。

(4)定期整理檔案。定期留點時間整理檔案，每天下班前或是每週結束的時候。不要老是把整理檔案的事委託給別人，瞭解自己檔案更新的情況是很有用的。決定什麼該留下，什麼該丟棄是件十分重要的事，因此要積極參與決定那些文件可以丟掉，而那些將來要用到，應留下。

在管理重要文檔時，要注意以下幾點：

1.要把重要文件放在保險箱中。這類文件包括：抵押文件、房地產契約等。

2.要建立一個「現況」檔。在檔案中放入未付賬單、已付賬單、銀行帳單、注銷的支票、收入所得稅證件等文件。

3.要建立一個個人資料文件。文件中放入就業記錄、信用卡信息、保險單等信息。

4.要保存居家修繕筆記本。裏面包括電器用品的操作手冊和保證書，還有居家修繕承包商的合約收據和保證書。

5.保存辦公用筆記本。裏面存放著電腦及其他辦公設備的操作手冊，以及此類相關用品的收據、保證書和租約。

75 如何召開高效率的會議

參加或主持各種會議是日常工作的一部份，如何召開高效會議，是領導者必須具備的技能之一。

◎事先設定會議目標

決定召開會議之後的第一項最重要的準備工作，便是設定會議目標。良好的會議目標應符合四項要求：

1.會議目標必須用書面列明

許多管理者在規劃會議的時候，都以爲沒有必要將目標寫出來。其實，這是一種似是而非的論斷。用書面方式寫下會議目標，可以產生三種好處：

(1)有助於目標的內涵澄清。

(2)書面目標較不容易被遺忘。

(3)當目標種類繁多時,以書面寫下比較容易調和它們之間的潛在矛盾。

2.會議目標必須切合實際

所謂切合實際,即指具有實現的可能。事實上,一種不是輕易能夠實現的目標,對目標的追求者才具有真正的挑戰性。也就是說,會議目標不但應具有相當的挑戰性,而且也應該有被實現的可能。

3.會議目標必須具體而且可以衡量

含糊籠統的目標極難充作行動的指南。

例如,某部門主管因為感到部門產品不良率過高,而決定開會研討降低產品不良率方案。倘若他將會議目標認為「探討如何降低產品的不良率」,則該目標肯定難以充作與會者提供意見的指南,因為他沒有具體地指出產品的不良率應降低多少,以及應在多長的時間內達到這個結果,但若他將會議目標改為「探討如何在 10 月底之前將產品不良率由目前的 5%降低至 3%」,則上述缺點將不復存在。

4.會議目標所表明的必須是「應實現什麼」,而非「應做什麼」

「應做什麼」是以管理者自己為本位,而「應實現什麼」則是以結果為本位。以管理者自己為本位的目標,遠不如以結果為本位的目標那樣具有實效。

◎合理安排會議時間

由於人體「生物鐘」的作用,人們的腦力活動在一天當中通常有兩處高峰期:一個是上午 9 時～11 時;一個是下午 4 時～6

時。

要提高會議效率，選擇好召開會議的時間這一點十分重要，應該引起每一位會議組織者的高度重視。既然人的精力充沛與衰減，思維敏捷與遲鈍是呈週期性的，是有規律的，所以，作為一個高明的會議組織者，就應該尊重這一規律並巧妙地利用這一規律。如果把召開會議的時間安排在人的腦力活動的高峰期，這樣，就可以使與會人的腦力活動處於一種較為亢奮的狀態，注意力專注於某一特定方向，所持續的時間也可以比較長，大腦思維敏捷，反應迅速，接受和輸出信息的能力都比較強，對會議的議題能給予充分的思考，從而可以使會議儘快地得到理想的結果。

人在一天當中腦力活動有兩個高峰期，如果將上、下午的兩個高峰期做一下比較的話，那麼，將會議安排在上午比下午還會更好些。在實際工作當中，人們普遍要求開短會，但如果會議實在難以在短時間進行完畢，那就可將對重大問題的討論安排在上午，將一般性討論安排在下午；全體會議安排在上午，分組討論安排在下午。

1.顛倒會議的準備和召開時間

所在的部門每次開會都很拖拉，即使是一些很簡單的問題，也要開很長時間的會而苦惱。大家對此普遍感到很厭煩，但又沒有什麼辦法。後來他們對此進行改革：把目前召開會議所用的時間與為這些會議所花費的時間顛倒了一些，也就是說，假如之前為一次會議花了一個小時進行準備，那麼，要召開這個會議可能就要用一天的時間。現在倒過來，用一天的時間準備這個會議，而召開這個會議則可能只需要一個小時就可以了。

如果適當地延長會議的準備時間，對會議做出充分的準備，

這樣便可以從總體上減少為一次會議活動所花費的時間，從而可以達到提高會議效率的目的。

2. 把計劃的會議時間砍掉一半

按照帕金森法則：「在事先分配好的時間範圍內，工作將一直拖延著。」如果我們注意觀察，就可以清楚地發現，實際情況也確實如此：假如我們認為某個會議需要 4 個小時，那麼，它果然就只需要 4 小時，因為一切你都是按 4 小時來計劃的。如果在會議召開之前，你將最初計劃的會議時間攔腰砍一刀，只用其一半的時間，把會議的內容全部放在這一半的時間中進行安排，事實將向你證明：會議的全部內容在原計劃的一半時間內照樣也可以完成，而且會更有成效。

3. 明確會議開始與結束的時間

在會議活動當中，在安排會議和向與會人員做出會議通知時，如果同時規定會議開始與結束的時間，這樣做可以直接帶來這樣兩個效果：

⑴使會議主持人產生緊迫感。緊迫感將迫使主持人以努力在規定的時間內，合理安排會議的各項議題，完成會議的各項任務，並保證在規定的時間結束會議，使會議呈現快節奏和高效率。

⑵便於與會人員對自己會外工作的安排。如果會議只規定開始的時間，不規定結束時間，與會人員不知道會議什麼時間結束，這樣，在同一個時間單元（如一個上午）之內就不安排其他工作了。如會議組織者在會議通知上能夠告訴會議結束的時間，那麼與會人便可以事先安排會議結束後的工作，做到開會和自身的工作「兩不誤」。

4. 準時開會

許多會議的主持人常為自己所主持的一些會議總也不能按時召開而感到困擾。他們所召集的會議通常都要推遲 15～30 分鐘，與會人才能到齊，會議才能開始，怎樣才能改變這一情況，使自己所主持的會議都能準時召開呢？美國時間管理專家就該問題是這樣說的：「不能準時開會是在會議一開始就起作用的一個浪費時間的因素。這是一件經常叫人抱怨的煩惱事情，但是卻很少得到重視和改正。實際上，這一時間浪費因素是能夠解決的。所以，若問怎樣才能使人們準時來參加會議呢？答覆始終是這樣，這就是：準時開會！即規定什麼時間開會，便什麼時間開始討論就是了。」

5. 設遲到席

「8 點開會 9 點到，10 點不晚聽報告」。這是對一些人工作作風拖拉、散漫的形象描述。

某企業每次開會，參加會議的人員都有遲到的，特別是老總也遲到，等得眾人不耐煩卻又無可奈何。後來開會人員都準時到齊，會議的效率也得到了提高。這是什麼原因呢？原來，他們為會議設立的「遲到席」起了很大的作用。他們的做法是：會議通知幾點開就幾點開，過時不候。遲到者只好在豎有「遲到席」牌子的座席上落座。經過實踐，這一招非常靈！「遲到席」只設了三四次便空了，因為會議遲到的現象基本上得到了杜絕。

為會議設「遲到席」的辦法好，好在操作極其容易，批評得嚴厲而又恰到好處，雖不是什麼大動作，但簡單有效，值得借鑑。

6. 限時發言

「開會馬拉松，發言長而空」是會議活動中一個突出的問題。

人們怕開長會，歡迎開短會，但在實際生活當中，長會何其多，短會何其少。許多人平時並沒有多少話，可一參加會議，一坐上發言席，便上下五千年，縱橫八萬里，言不及義，卻又滔滔不絕。為改變這一現象，提高會議效率，在會議活動中實行「限時發言」的做法，收到了比較好的效果。如在許多工作會議上，會議主持明確要求：每個與會人的發言不得超過 15 分鐘，並首先做出表率，身體力行。起初，有些與會人不習慣，出現了說長了、講偏了、扯遠了的情況，便通過會議主持人及時的提醒，所有與會人的發言和整個會議的時間都控制在了規定的時間範圍以內，這樣使會議的效率得到明顯提高。

7.開會時間人免入

出席被召集的會議，每個成員都得付出代價。因此，在考慮讓什麼人出席會議時，也必須一併考慮，為什麼要他出席這個會議？

這是日本的時間管理專家桑名一央在他的《怎樣提高時間利用率》一書中一再提醒人們注意的。桑名一央先生強調，限制與會議無關人員入會，是提高會議效率的一個重要環節。在會議活動中，既不能隨意減少會議人員，也不能隨意增加會議人員。在這裏，最理想、最合理的狀況應該是這樣的：就本次會議而言，每一個與會人員都是與會議直接相關的，不可缺少的，隨意減少一個人或增加一個人都有可能直接影響到會議的效果。為了限制無關人員入會，在確定每一個與會人時，要對其提出下列疑問：

(1)這個人與會議將要做出的決定有關嗎？

(2)這個人對於會議將要討論的問題具有專業知識嗎？

(3)這個人將會執行會議的決定嗎？

(4)這個人以前有過這方面的經驗嗎？

桑名一央先生說：不用說，這些標準不是提供讓任何人都能出席會議的藉口，而正是限制參加者所持的根據。當然，也要看會議的性質而定。有時，之所以請某些人參加會，理由僅僅是「還是請他出席好辦事」、「如果不加上他，好像以為看不起他」，等等。其實，對這些人來說，只要好好解釋說明一下，並通知他會議的結果就行了。

8.召開會前會

如果一位會議主持人在一次正式會議的前一天，特意舉行一個短時間內、以站著的形式進行的快速會議，這樣，一方面可以解決一些可以解決的問題，另一方面，即使對一些難以解決的問題，也具有啟發思想、做出準備的意義。由於有些問題已在快速會議上解決，所以，就不用再提交正式會議。這樣，會議的議題減少了，再加上對有些複雜的議題和決策對象經過了一個夜晚的思考，所以，在第二天的正式會議上，就可以使會議的效率和決策的品質大大提高，會議的時間也會大大縮短。

9.電話安在室外

野田孝先生曾這樣寫道：「會議時鈴聲不斷，每每打斷會議，接電話的成員為了照顧其他成員，不得不小聲對著話筒講話。將電話放在會議室之外，要找某成員時，可用便條通知室內成員。」

10.實行候會制度

應允許一部份人員只參加會議的一部份的做法就是根據會議議題的需要，召集有關人員前來參加會議並發表意見，當該項議題進行完畢之後，這部份人員即行退出會議。在會議進行到其他議題的時候，其情況也是如此。這種做法可以保證會議在對任何

一個議題討論的時候，都沒有無關人員在場，都沒有「陪會」的現象存在。這就是人們所說的候會制度。

實行候會制度，允許一部份人員只參加會議的一部份，是減少會議人數，實現會議內容與參加會議人員的最佳組合的有效方法。但在操作時，有三點應引起重視：

(1)在「會議議題通知單」上必須明確標出每個議題開始和結束的時間，以便有關人員在規定的時間參加會議，並在與自己有關的議題討論完畢之後，可以隨之開展自己正在進行的工作。

(2)會議主持人必須盡可能準確地按照會前所計劃的時間安排會議的節奏，不要隨意提前或推後。

(3)如在會議進行中遇有變化，應及時通知有關候會人員，以便讓別人早做安排。

11.午飯前開會

這是日本的一位成功的企業家說過的一段話。他說：「我喜歡在午飯前召開有關的工作會議。因為大家的肚子都餓了，就不會為一些無聊的事來辯論是非曲直，以致浪費時間了，而會很自然地、全力以赴地進行討論，可以迅速地進行會議，而且會議完了以後，我們一起吃午飯，並且邊吃邊輕鬆地交談。採用了這種辦法以後，一個小時就能結束以前要花兩個小時的會議。」

12.必要時站著開會

會議開得太長的一個很重要的原因是人們不願意或不捨得從舒服的椅子上站起來。結果，說話慢聲慢氣、顛三倒四、重覆千遍、離題萬里。

美國鋼鐵技術製造公司偶然發現了一個矯正的辦法，出人意料地解決了這個問題。這個辦法就是：站著開會。經理們在走廊

裏討論問題，一口氣把問題談完，遇到機密問題，他們通常三三兩兩地到個人辦公室裏去，站著討論，直到結束。

他們很快發現：這樣站著開會有相當大的好處，在這樣的會議上，人們因不堪忍受身體對雙腿所給予的長時間的重負，會把本來很長的話盡可能說得短些，而不會過分捲入一個問題或項目的具體細節中去，這樣，會議做出決策也會更快些。當然，如果某人不滿意這樣倉促就某些事情做出決策的話，他還可以把這件事在正式召開的會議上重新提出來。機床廠就是站著開中層幹部會的，每次不過 15 分鐘左右，既節約了時間，又解決了問題。有人曾做過大量的觀察統計，結果表明：一些同樣內容、同樣效果的會，站著開比坐著開，時間上平均要減少 80%左右，坐在那裏需開一個小時的會，站著開，10～15 分鐘準完。

76 避免失敗會議

1.有準備地赴會

為了令你在每一場會議中取得最大的成就，在走進會議室之前，你對以下幾個問題，都必須擁有週全的答案：

⑴誰召集這次會議。為了研討會議的重要性，首先要問會議的召集人是誰。顯而易見地，總經理所召集的會議，要比科長所召集的會議更加重要。其次我們要問：召集會議者是自發地召集會議，還是被動地為他人召集會議？前者的重要性往往要比後者

更大。

(2)為何召集這次會議。你若不弄清楚會議的真正目的而貿然走進會議室，你將很容易受創。因此，在與會前你應先澄清：這次會議是否為了那些懸而未決的老問題而召開？是否為了擺脫棘手的問題而召開？還是因為某些人想迫使上級下決心做決策而召開？

2.做好會前疏通

任何外來的新觀念的引進，最容易引起人們特別是利害攸關的人們的抗拒。例如當你提議將公司的廣告媒體由報紙改為電視，以便增進廣告的效益時，負責廣告的單位卻舉出許許多多的理由來反對你。又如鑑於國外若干廠商因採用某種產品的新配方而獲益，你遂提議引進該新配方，但是研究發展部門的人卻提出一些似是而非的理由來反對你。類似這樣的情況在會議中層出不窮，原因是：你的提議威脅到另一部門或另一些人的安全感。試想：當廣告媒體果真值得由目前的報紙改為電視，或是產品的新配方果真值得被接納，則負責廣告與研究發展的部門，顯然有被於現狀或工作不力的地方。基於此，為維護自身的形象，這些部門勢將竭盡所能地反對你的意見。

在上述的抗拒之下，任何方式的辯解或當面還擊，均不足以產生良好的效果。你應在會議之前，先與這些可能反對你意見的人進行疏通，以便安排一些足以維護他們顏面的措施，甚至取得他們的某一程度的諒解或支持。必要的時候，你也可以讓他們用他們自己的名義提出你的觀念。儘管這樣做，等於拱手將自己的觀念送給別人，但是假如你志在令你的觀點被採納，這樣做又何妨！？

不論你是否訴諸會議前的疏通（當然希望你能儘量做到！），在會議中，一旦由你提出新觀念，則千萬不要在言辭上威脅到利害攸關的人士。譬如就上述的廣告媒體的變動與產品新配方的引進的兩個實例來說，你的發言最好能夠接近下列的方式以便減少抗拒：

「將廣告媒體由目前的報紙改為電視，不但可令我們的品牌更廣泛地為消費大眾熟知，而且廣告的單位成本也可因而減低。這一點，廣告科的各位先生們知道得比我更加清楚⋯⋯」

「關於引進新配方的好處，我事先曾經跟研究發展部門的先生們請教過，他們早已注視這個問題，而且認為潛在的好處可不小⋯⋯」

3.謀求溝通方法

會議場合中的溝通媒體除了有聲的語言之外，無聲的語言——諸如儀容、姿態、手勢、眼神、面部表情等。仍然扮演相當重要的角色。現將值得特別留意者簡述如下：

(1)儀容要整潔。蓬頭垢面者通常得不到與會者的好感。飛機駕駛員之所以討人喜歡及受人尊敬，恐怕跟其儀容整潔有密切的關係。

(2)準時或提早抵達會場。時間的掌握也是一種無聲的語言。開會遲到的這種行為所顯示的信息可能是：你不重視這場會議，你故意擺架子，你不理會會場將因你的遲到而受干擾，你不介意浪費其他與會者的時間等。開會遲到的另一種弊端，便是前文所說的喪失選擇良好座位的機會。

(3)避免穿著奇裝異服。服飾是一種符號，也是一種無聲的語言。當你穿的衣服或是身上所配戴的裝飾品太奇特或太耀眼時，

與會者的注意力將集中在你的衣服與配件上，而不會凝神諦聽你所說的話語。因此，為穩妥起見，你的穿戴應儘量趨於保守。

⑷留意坐姿。最理想的坐姿是脊椎骨挺直但卻不僵硬，因為只有這樣，才能在鬆弛的狀態下維持警覺性。

⑸兩眼正視。跟別人對話時最忌諱的便是兩眼閃爍，或是斜眼看人，因為這足以令人對你的動機或品格產生不良的評價。同樣忌諱的是，以求情的眼光看人，因為這樣做足以削弱你說話的分量。

⑹借手勢或物品引起注意並強調自身的觀點。以手勢配合說話的內容，可以令聽眾印象深刻。手勢的大小視你所想強調的內容而定。談細節的時候，手勢要小；談大事時，手勢要加大。運用手勢時，必須考慮週圍實體環境的大小。外界的空間愈大時，手勢可愈誇張；外界的空間愈小時，手勢應愈收斂。為強調你的意見而以物件作為道具是一種良好的舉措。

4.重視活用數據

生活在數字的世界裏，每天所見、所聞與所思的一切，幾乎沒有不涉及數字的。基於此，對數字或多或少均產生麻木或厭煩的感覺。其實，這樣的感覺是很自然的，因為數字只是代表事實的一種符號，而非事實本身。在會議中運用數字時，希望你能留意下面兩個要領：

⑴除非必要，否則不要隨便提出數字。當拋出的數字過多，不但令聽眾感到納悶而關閉心扉，而且也會令聽眾覺得沒人情味，因為所關心的只是冷漠的數字。

⑵要設法為枯燥的數字注入生命。這就是說，要讓數字所代表的事實，能成為一般人生活經驗中的一部份。只有這樣，人們

對數字才感到親切，也才能產生興趣。

5.樹立良好形象

時時刻刻都要留意自己在他人心目中的形象，因為好的形象對在會議中的所作所為足以產生莫大的助力，壞的形象則足以令你在會議中處處受鉗制。下面是一些有助於塑造及維護良好形象的參考事項：

(1)人們總是喜歡誠實的人，以及以公平態度待人的人。

(2)聽眾所渴望聽到的是事實，因此對那些誇誇其談、自命不凡的人極度反感。

(3)人們都不喜歡不願傾聽他人意見的人。

(4)一般人對情緒激動的人的判斷力，通常欠缺信心。

(5)人們對於態度冷靜、善於邏輯推理的人的判斷力，均寄以信心。

(6)人們對富於想像力與創造力的人都會產生好感。但是，當一個人的想像力與創造力超越了聽眾所能理解或想像的範圍，則該想像力與創造力將很容易被視為荒謬。

(7)在會議中最令人討厭的兩種人大概是：喜歡打斷別人的話的人，以及喋喋不休的人。

6.保持積極態度

在一般會議中，我們經常面臨的是消極的氣氛。包括消極的表情、消極的情緒、消極的話語、消極的反應等。在消極的氣氛籠罩下，若能注入積極的言辭與積極的態度，那將成為嚴寒中的一股暖流，並成為與會者心靈寄託的所在。下一次再參與會議，請參照下列諸種要領行事，將獲取不同凡響的良好結果：

(1)從積極的角度看問題，將那些只以產生不良後遺症的消極

性意念,扭轉爲積極性意念。例如將「這 100 萬元的投資當中有一半肯定要泡湯!」扭轉爲「這 100 萬元的投資當中有一半肯定會帶來效益!」

(2)傾聽那些足以蒙蔽真相的洩氣話,並設法解開迷霧。

(3)削弱會議中所面臨的問題的難度設法先幫助解決較簡單的問題,以增進與會者對解決困難問題的信心。

(4)自告奮勇地承擔工作,這對減輕與會者的精神負擔與實質負擔均有幫助。

(5)當其他與會者強調困境之際,則設法提供解決方案。

(6)對提供良好的意見或解決途徑的其他與會者,表達你個人的讚賞。

(7)面對棘手的問題時,應講求實際,而不應悲觀。

(8)鼓勵與會者積極進取。

7.協助控制會場

(1)千萬要自律,切莫爲主席製造難題。這至少包括:不要與鄰座交頭接耳;除非特別緊要的事情,否則不要中途離席;不要與主席或其他與會者爭論;不要意氣用事;不要在會議中從事與會議無關的工作。

(2)假如與會者之間發生爭論,則主動介入,並設法令爭論的每一方都能理解對方的觀點。

(3)倘若有人壟斷會議,則主動提出自己的意見,或鼓勵其他與會者發表意見,以打破壟斷局面。

(4)如果討論的內容偏離主題,則設法提醒與會者有關會議的目標及問題的焦點,以便將與會者的注意力拉回正軌。

77 提升部屬的工作效率

團隊的整體效率取決於組成該團隊成員的效率，這個原則常常被忽視。只有全體員工的工作效率達到一個較高的水準，一個團隊的績效才能得到本質的提升。

◎用人所長

下屬績效不好，上司常常從下屬身上找原因，其實，還應該反省一下自己在下屬的使用上是不是存在問題，有沒有用其所長，發揮出下屬的特長。如果用人不善，很難取得好的績效。例如，不要安排一條狗去爬樹，然後又去責怪它爬得不好，因爲狗並不擅長爬樹，即便是一條優秀的狗，也很難把樹爬得很好，而應該檢討自己是否應該安排一隻貓去爬樹。

1.該減該加的標準

爲了提升優秀下屬的能力，你必須採取的重點是：

(1)潛力頗大的人，要不斷增加他的負荷量。

(2)能力平庸的人，要減少負荷量，使他從起點重新挑戰。

例如，A 對交付的工作，大致應付得來，而且還有一些餘力。這時候，就應該給他新的工作，加重他的負荷。

B 對目前的工作，應付得很吃力，雖然認真工作，成效總是

差一截。這時候，就該解除他某一部份的工作，減輕他的負荷量，使他從頭挑戰。

如果，經過這樣的調整，情況轉好就略為擴大他的工作範圍。要是減輕工作之後，還是做得不順利只好再減輕他的負荷量。對負責的工作能夠應付得綽綽有餘的優秀下屬，要是任他保持現狀，他就容易因自我滿足而習慣於安逸。

2. 有才速度不容緩慢

活用優秀下屬很重要的方法之一是給其更多的工作，它的好處是：

(1)提高生產力。

(2)逼他非「伸腰」不可，因此更能成為大才。

目前還不能達到理想狀況的下屬，一定是能力與負荷不成比例，所以，減輕他的負荷，先讓他把工作做得近乎完美，就能使他獲得成就感與自信。

3. 善用馬太效應

《聖經》裏曾有這樣一個故事：主人欲外出，行前給其三個僕人每人 1000 兩的銀子謀生。兩年後主人歸來，甲僕做買賣賺了 2000，乙僕賺了 1000，丙僕則將銀子埋在地下。主人對甲乙兩僕褒揚有加，並獎以所賺數額的銀子，卻收回了給丙的銀子。同時告誡三僕：原來有的，讓他更多；原來少的，連他有的也要奪過來。「多者多多，少者少少」，這就是馬太效應。

在員工管理中準確合理運用「馬太效應」能收到事半功倍的效果，從而使工作效能達到最優。

在一個寬鬆、靈活的用人環境裏，人才所創造的價值可以用其獲得的待遇來衡量。創造的價值高、做出的貢獻大，就應給其

高薪水、高津貼予以獎勵；相反的，對碌碌無為、平庸拖遝、敷衍了事、無所作為者，不但不應予以高報酬，還應減其薪以示警醒。罰劣獎優，能者多得，庸者少得，多得應該、少得明白，這樣，才能最大限度地激發員工的創造性和積極性，促使員工發揮其最大的潛能，提升團隊效率。

◎ 加強培育

通過培訓可以改善員工的效率，進而改善部門和整個組織的效率。這裏需要指出的是，並不是當組織出現問題的時候才安排培訓，也不是只對那些組織認為有問題的員工實施培訓，或者像有些組織那樣只對優秀的員工才培訓。其實，員工培訓應該是長期、持續、有計劃地進行。

1. 瞭解培訓需求

(1)改變人的行動。訓練的目的就是讓下屬的行動更接近自己期望的目標。讓下屬在工作時從先考慮自己方便到先考慮客戶的滿意；讓下屬從消極地應付工作到積極地把工作做得盡善盡美。這些改變就是訓練的目的，也是提升下屬工作效率的重點。要通過訓練改變自己的下屬，必須從知識、技巧、態度三個方面著手，同時要能分辨出每次訓練的重點。

(2)找出訓練的需求。找出訓練的需求是培育下屬的第一步，例如，培育下屬在辦公自動化方面的能力，訓練的需求是要他只掌握一般的知識呢，還是具有專業水準的知識？

上司還必須區分需求與慾望的差異，訓練是無法滿足下屬對各項知識、技巧追求的慾望，那麼如何找出下屬訓練的需求呢？

對下屬的期望績效狀況與目前績效狀況間的差距，即爲訓練或培育下屬的需求，必須找出下屬需求的具體項目。

2.上司角色扮演

(1)「見機而教」的高明上司。對於育才能手的上司，遇到這個情況，先想到的是「何時之前把這件事處理好」的時機問題。

①暫時不說出該修正的地方與修正的方法。

②稍微提示說，該方案何以不妥，並且指出不可或缺的觀念與大方向。

③下屬瞭解之後就叮囑說：「今天晚上你好好思考一下，明天早上我們再來研究這個問題⋯⋯」如此一來，下屬在當天晚上一定會自己大動腦筋，想出比原先更好的方案來。

一些上司往往會突然地對下屬說：「你給我做某某事吧！」就只有這一句話，沒有前後說明，以致叫人摸不著頭腦。因爲，上司沒有對下屬傳達他的意圖，難怪錯誤叢生，並且導致叫人不滿意的後果。拜託他人做事時，要不厭其煩地告訴對方做法，以及自己的意圖。

(2)教材型與處理型的差別。經過這樣的訓練過程，下屬的工作能力就會不斷提高。

通常，擅長育才的上司，總是在下屬的每一個工作過程中，抓住機會，把那些工作當作育才用的教材來活用，使下屬有機會去思考、判斷。拙於育才的上司，卻不知「把工作當作培育下屬能力的教材」，只會一心一意把工作趕快處理好，平白喪失了培育下屬的機會。

前者稱爲「教材型」，後者稱爲「處理型」。教材型的指導，在時間上起初似乎比處理型的指導耗費較多。可是，那只是第一

次，日後下屬遇到同樣的問題時，卻能正確、快速地自行處理，無形中減少了上司在指導上耗費的眾多時間。最重要的是，如此日積月累之後，下屬的能力就越來越高，上司也越來越輕鬆，可以有很多時間去思考、策劃大局性的問題。就下屬而言，即使起步時能力甚低，由於有幸在培育能手的上司手下做事，他的成長也就會很快。

3. 給下屬未曾經歷過的

(1)全力投球的決心。工作中僅靠知識並不管用，還得靠實際的判斷或是行為。也就是說，除非實際經歷過。因此，當下屬已經大致熟練於目前的工作時，上司應立刻給他未曾經歷過的工作，且為了使他如期完成那個工作，妥加支援。當給了下屬未曾經歷的工作，最要緊的是使下屬下定「全力投球」的決意。

(2)防止「爆胎」。「因為上司叫我做，所以，我只好遵令而做」，下屬若是只抱著這種程度的意願，那就註定失敗。當下屬有了強烈的挑戰意願，你就對他的工作過程細加觀察，予以應有的支援。因為，面對新的工作，中途必定遭到各種障礙，如果下屬無法克服它，就會「爆胎」而喪失自信。那時候，下屬得到的就是相反的教訓，他會想：「唉，沒經歷的工作還是不碰為妙！」

這麼一來，他將來「能力提升的可能性」就全部化為烏有。當下屬在工作中克服了某些難題，上司必須稱讚他。通過稱讚，下屬就有了「我也能做」的自信。以後，即使你不給新經驗的工作，他也會自動要求你給他未曾做過的工作。這樣週而復始，不斷擴增自信，下屬就能自動向新的課題挑戰，且不斷成長。對所有的下屬完成這種方式的指導，便是上司的任務。

整個成敗的關鍵就在於，第一次要下屬做未經歷的工作時，

上司必須對退縮不前的下屬，說出諸如「我會支援你，不管如何，先做做看，你定能做到的」等的激勵話。對畏縮不前的下屬，如果任其下去，此後的成長就完全停止。上司千萬不要放棄畏縮的下屬，務必想盡辦法說服他向未經歷的工作挑戰。

4.培育下屬的創造力

(1)給下屬一個創造的空間

辦公手續的煩瑣和複雜，使每日重覆遵守這些死條文的員工們透不過氣來，嚴重影響了他們工作的效率。這時應為下屬提供創造的空間；另一個就是不要經常以主管的身份時時處處對下屬「光臨指導」，而是給他們一些自主權，任由他們創造性地完成任務以提高工作效率。

(2)鼓勵逆向思維

曾經有人問一位商界奇才的成功秘訣是什麼，「如果你知道一條很寬的河的對岸的地下埋有金礦，你會怎樣辦？……」「當然是去開發金礦。」那人不假思索地回答。商人聽後笑著說:「如果是我，一定修建一座大橋，在橋頭設立關卡收費。」聽者這才如夢初醒。

商人的高明之處就在於他採取了與正常人相反的思維方式，出奇制勝。正是由於大多數人都習慣於正向思維，才使逆向思維者面臨的機會要多得多，才更容易獲勝。

(3)鼓勵下屬敢於幻想

IDV 是英國大都會公司製造酒精飲料的分公司，1987 年的一天，一位 26 歲管理商標的低級職員蒂斯代爾找到了當時負責酒精飲料開發工作的主管說:「我發明了一種帶有 24K 小金粒的杜松子酒。」主管聽後說:「帶小金粒？這真是異想天開。」蒂斯代爾說:

「是有點異想天開,不過我真想試試,我想要 2 萬美元進行開發。」主管想了一想說:「好吧,就給你 2 萬美元。」後來他又要了 2 萬美元,主管也答應了。這種帶小金粒的酒最後被命名為金斯拉格酒。此酒一上市便引起了轟動,原打算一年賣 7000 箱,結果卻賣了 20 萬箱,到 1994 年這種酒已為公司創收 1 億多美元。今天蒂斯代爾有了一份新工作——他負責著七個品牌的開發和銷售。幻想並不是壞事情,它也是創造力的一種類型。

(4)鼓勵下屬多學知識

鼓勵下屬多瞭解各個學科的知識,打好基礎,開闊眼界。創造力是一種能力,它在生活中表現為瞬間的思想火花,應該明確這種靈感的產生並不是偶然的,當一個學識廣博的人被一種問題所困擾時,他往往會嘗試運用他所掌握的其他學科的知識來解決問題,這也是一種創造力。

5.讓下屬擁有自信

身為上司,如何培養下屬的自信心以提高工作效率、減少失誤呢?你可以試試以下方法:

(1)就個人來講,自卑往往是自信最大的敵人。所以上司首先要做的就是要幫助下屬克服自卑心理。

(2)對於新下屬來說,引導他們早日適應新的工作環境與競爭壓力,是提前防止自卑心理產生的好方法。

(3)訓練下屬從事較高水準的工作。鼓勵他們努力完成,即使他們認為自己辦不到。只要你認為他們可以做到就堅持不把工作另交他人。

(4)訓練下屬自己解決問題。凡事要儘量讓下屬獨立做出決定,必要的時候你可以從旁引導。

(5)發掘下屬潛質。每個人都有不為人所知的天分，主管如果能夠幫助下屬發現他的天分，就會很容易幫助他消除「低人一頭」的自卑心理。

(6)交談。這又可分為兩個方面，一方面是肯定和稱讚，另一方面則是鼓勵。

(7)另外，對於有些自卑者，他們的自卑是由於早年特殊的事物造成的，這也就是造成他們自卑的根源，找到這種根源，往往可以找到消除自卑的方法了。

◎ 激勵部屬

當今企業管理不夠成功的癥結之一就是所需要的行為和所激勵的行為之間的巨大脫節。而另一方面，在工作成績和激勵之間建立起恰當的聯繫，是提高工作效率唯一的、也是最大的關鍵所在。

1.善於開發下屬的創造性

如果說，下屬不願接受某些困難工作部份是源於缺乏勇氣和熱情，那是有一定道理的。但有時是因為缺乏解決困難的創造力，這時，成功的上司所要做的，莫過於開發他的創造力，使他獲得解決困難的方式和方法。

2.注意強化下屬的優點，弱化其缺點

在使能力超群的下屬努力工作的同時，必須準備接受和容忍他的缺點。如果你不能容忍下屬的缺點，那麼留在你身邊的，多半是些平庸低能之輩;而這才是你最大的缺點。對有些下屬而言，與其挖空心思地去糾正他的缺點，還不如盡最大努力使他充分發

揮優點。

3.要儘量使工作充滿樂趣

儘管上司可以通過各種組織規章制度，使下屬與工作結合起來，但由於工作並不能給他們帶來樂趣，這無疑壓抑了他們的工作熱情和積極性。在這種情況下，上司應儘量使工作充滿樂趣，使下屬在愉快的心情下接受和完成任務。

4.培養下屬的自信心

即使能力相當的下屬，僅僅由於自信心不同，其工作勁頭的結果就有很大不同。所以，培養下屬的自信心是一種既重要又便宜的「動力投資」。這裏，以下幾點需要注意：

(1)與下屬交談時，要認真對待，讓他覺得受到重視。

(2)不要勉強下屬做無法辦到的事。

(3)積極鼓勵和讚揚下屬的創見，要儘量給下屬以表現的機會。上司要讓成員多拋頭露面，如開會時讓下屬多講幾句話，並且在講話時，多引用下屬的意見和觀點。

(4)託付責任時，讓下屬按自己的方式盡情發揮。即使事做得不當，也不要立刻收回成命。對下屬要關心、體恤。

(5)讓下屬分享參與決策的權力，但不要交給他們無法辦到的事。

(6)不要把下屬和他的工作混爲一談。

如果下屬做錯了，要讓他理解你不滿意的是他的工作，而不是他本人。如果要批評他，首先應做自我批評。這不僅僅是策略上的考慮，事實上，下屬出錯了，身爲上司也負有自己應負的責任。這樣做，既利於下屬接受批評，也利於保護他的自尊心和自信心。

5. 以身作則

一隻大螞蟻正帶領一群小螞蟻進行操練。它發現小螞蟻們的動作總是不正確，不是這裏不標準，就是那裏出差錯。於是，大螞蟻開始大發雷霆：「你們這是怎麼做的？真是一群笨蛋！」小螞蟻們全都低下了頭，沒有說話，但是都顯出憤怒的神情來。這時，一隻年長的螞蟻爬過來對大螞蟻說：「你先不要發脾氣，你知道它們為什麼做得不好嗎？那是因為，你本身做給它們看的動作就是錯的！」大螞蟻慚愧地低下了頭。

作為上司，要想對員工實施有效管理，應該時常檢省自己的言行，而不是一味地責怪他人。只有自己做好表率，才能領導下屬，令下屬服氣，讓下屬心悅誠服、心情舒暢做好工作。

6. 讓下屬燃燒起來

服務於某銷售公司分公司的歐經理，在五年前剛就任的時候，發現那個分公司管理散漫，士氣低迷。這個分公司的業績在全省業務單位中，一直是倒數第一名，因此年年虧損。前幾任經理在這裏都遭到滑鐵盧，總公司甚至曾有撤銷這個分公司的計劃。歐經理到任之後，雖然絞盡腦汁卻無良策。後來他想通了，告訴自己：「閉門煩惱不是辦法，怪這些下屬也沒用，唯今之計，只有靠我自己的力量先舉績再說。」他奔波、策劃了半月之久，終於簽下兩筆大生意。這個刺激使下屬也開始動起來。在他就任的第一個月，分公司的業績，居然一下子竄升為全省冠軍。

妙就妙在，這個前所未有的佳績，一連維持了三個月，下屬們似乎也對自己有了信心，整個分公司的氣氛也起了大變化。大家變得精力充沛，群起直衝，造成一股銳不可當的氣勢。在那一年，分公司的總業績，居全省亞軍，到了第二年，躍升為全省冠

軍。歐經理在分公司服務了五年後，晉升爲總公司協理。後來，
與他同甘共苦的那些下屬，不是調升主管，就是升爲其他分公司
的經理。從此之後，分公司的員工，一直秉承傳統，士氣高昂，
業績居高，成爲全公司人才輩出的部門。

從這個例子，不難知道下面的事實：

(1)先在工作上讓下屬獲得成功，使其產生自信，提高他們的
「燃燒度」，才能培育出幹才。

(2)工作意願可以改變一個人的作爲，完成高業績之後，下屬
自會向另一個高目標挑戰，能力也日漸提升。反之，則整個單位
必定消沉無勁，人人大發牢騷，衝突頻生，人才也無從成長。

7.激發下屬的新創見

(1)創見與方案相連

最初的創見最爲重要，缺乏創見，改革就無法成功。構造改
革方案，分爲創見與方法兩大部份。

例如，以販賣汽車來說，從原先的訪問銷售方式，改爲櫃檯
銷售方式，這樣的構造改革，可以使公司的營業量大爲增加。

這時候的創見就是：由訪問銷售(在顧客的地方推銷)，到店
頭銷售(把顧客集到店裏推銷)的轉變。由於這個新創見，產生了
女性推銷制度、電話推銷、DM(郵寄廣告)、週六爲中心的營業體
制等「方法」。

(2)如何填補差距

要使還留在「業務維持管理階段」的優秀員工的能力，提升
到「對部門構造改革的主動階段」，主管必須運用親自做調查、思
考與以前差不多的新創見，將它交給優秀員工，激發他根據新創
見想出改革的方法等指導方式。

(3)面對「異質的創見」

上司有必要使優秀員工面對「異質的創見」，讓他的思維方式有個轉變。必須反覆強調這件事，鼓起熱情向他說明：為什麼以前的創意已經落伍？目前需要的是怎樣的創意？為什麼需要這樣的創意？在這個過程中，雙方務必徹底議論。然後，上司才引導他使他根據新創見，想出新方法，且付諸實施。

78 讓工作更有誘惑力

··

同樣的工作在不同的上司身上完成的情況千差萬別，有高有低。這很大程度上取決於自身管理技能與水準的高低，其實，沒有人生來就比別人有更高的能力，能力的來源主要是日常的學習和工作。注意總結經驗和利用高效因素，就可快速提高自身能力，從而在工作中得心應手，效率自然高人一籌。

◎ 讓工作充滿誘惑

坦白說，工作或是讀書本身一點兒意思也沒有。然而，無論工作或是讀書，都不能因為沒意思就不做。因此，工作的第一個原則就是，橫豎要做，不樂白不樂。也就是說，將工作化作遊戲，從而享受其中樂趣，是提高工作效率的第一捷徑。

所以在此首先要說的是「甜頭」，也就是「成功報酬」的效用。

一般常說「鞭策」及「甜頭」可以激發幹勁。誠然，鞭策一時之間也許可以逼出人的幹勁，但效果畢竟只是暫時的，從長遠看，絕對沒什麼好處。相反的會失去對工作的興趣。也就是說，工作不該只是由於非做不可的義務感或強迫的觀念。如果能以一種輕鬆的心情工作，效率定會提高，人生也會充滿樂趣。另外，細分目標並一點一點嘗到甜頭從而達成目標。因為細分過的目標容易實現，可以很快得到報酬。而根據這種滿足感，激起向下一項目標努力的慾望，最後終於能達成最終的大目標。

有了成功報酬，追求目標的過程也會輕鬆許多。如果目標本身有趣，則連準備的過程也會變得興味盎然。像打高爾夫球的前一天晚上擦拭球杆，或是整理隔天登山要用的用具等，都是相同的道理。不過，如果不能具體指出將來的成功報酬是什麼樣子，這種方法的效果還是會減半的。譬如，即使以打高爾夫球為目標，但究竟有什麼好玩的，如果不能給自己一個具體的答案，則這種目標根本沒意思，無法作為激勵人努力的成功報酬。所以，給自己準備的成功報酬，必須具體而直接，即使在別人眼裏是些微不足道的小事也無所謂。

然而，從來沒有經驗過的事情，想要具體地描繪，應該不怎麼容易吧！這就應該在完成大目標之前，先具體而直接地設定一些小目標。

譬如，讀熟這本參考書，就去游泳；寫好這份報告，就去看場電影等，在完成大目標之前，先設定一些小目標，然後以一些具體的好處作為報酬。和這方法相反，也有人為了達成目標，戒酒、節食、克制一切慾望。

好逸惡勞，是人性本能。然而，如果因為這樣，一味地追求

享受，則工作就會漸漸荒廢。如果能巧妙控制，不至於太過放縱，則在提高工作效率的同時，也能滿足自己的慾望。

而且，如果準備了一份成功報酬，無論是誰都想儘快得到。因而，如何快一點得到報酬？譬如給自己計時，看看能不能縮短完成一件工作的時間，如此一來，在無聊的工作上就添加了一些遊戲的趣味。這在別人眼裏也許很無聊，但自己卻因此集中精神，而工作也得以順利完成。

準備成功報酬的方法，就像在牛的鼻子前面掛筐青草，引誘牛往前跑一樣。不過，如果只是作爲誘餌，不給牛嘗一口青草，牛早晚會「罷跑」的。牛是如此，更何況人呢！人可不像牛那麼有耐心啊！所以，成功報酬法能否成功？就看你把這份成功報酬擺在那裏？

讓鼓勵成爲自己工作的彈簧，以此刺激而提高工作的效率。

◎增加工作慾望

一般來說，與其設定「工作有需要」、或是「一定要提高自己知識水準」之類堂皇的目的、動機，倒不如先設定合乎自己慾望，也就是較切身的動機，才能夠提起精神，提高效益。如果最終的目標本身很有意思，自然不會枯燥。如果能夠考慮這些事情的連貫性，將工作遊戲化，工作自然會變得有趣，自然會快樂無比，效率提高。

在上學放學途中，兩三位喜歡英文的同學，玩「英文接龍」的遊戲。如果第一個人說 love，第二個人得說 exciting，第三個得說 glamour，自己所說的單詞必須以前面所說單詞的最後一個

字為開頭。而且，還可以另外加一些規則，譬如，所說的單詞要在五個字母以上，限定名詞及動詞，不准有 ing 形式，不可以 e 為結尾等，遊戲越複雜越好玩。

像這樣子的讀書遊戲化，不只是英文，其他像歷史、地理等一些需要背誦的科目，都可以運用。而且，可以用隔天的掃地值日，或是到愛去的飯店吃碗面，作為獲勝的獎勵，使比賽更吸引人。此外，遠足交遊時也可以舉行類似的猜謎大會。在吃完野餐、休息的時候，準備一些水果或是糖果，再準備一些年代或是人名的謎語，然後就可以開始玩這種有趣又有意義的遊戲了。

為什麼讀書苦，遊戲樂呢？主要是因為遊戲、比賽等，努力的成果一下子就能顯現出來，而讀書或是工作的成果，則往往不是一下子就能享受得到的。針對這一點，採用猜謎、接龍等遊戲的方式，可以使原本單調無味的死背變得有趣，同時效率也會提高。

(1)用紅色顯現自己的工作成績。在心理學方面有個實驗：人類對於眼前從事的工作，如果不知道什麼時候才能完成，常會逐漸失去工作慾望。相反的，如果清楚地知道工作進度，知道什麼時候可以把工作完成，效率自然會提高。因此，這條法則可以應用為提高工作效率的方法。

不過，客觀地確認工作完成程度，並不是件簡單的事。因為如果從事的工作越複雜，則越難用數字衡量。有時一個研究花了幾十個小時甚至幾十年，還看不到成果，也是有可能的。由於工作的達成程度，不只包含「量」的方面，也牽涉到「質」的問題，所以很難單純地估計。

這裏不妨用容易顯現的方式，計算工作達成程度。

　　譬如，考會計師的時候，根據達成程度做一份「紅色進度表」，把成果視覺化。這份紅色進度表用 B4 紙，在上面畫方格，橫隔為 8 個等份。然後，在每個等份的左邊，一一列出這次考試的 7 個科目，最後一格為合計。再在每個科目右邊的方格，列出重要章節，詳細記錄其中內容。最後，再根據完成程度，用紅色簽字筆把讀完的科目劃掉。

　　根據這份紅色進度表，能清楚地知道自己距離目標還有多遠，也知道自己做了多少，效率自然可以提高，達成的慾望更會加強。這種進度表最好用紅筆刪減，這樣會讓人有一種完成的感覺，效果更強。

　　做這種進度表，就像玩遊戲一樣。在表上畫線的快感，就像遊戲贏了的快感一樣。

　　(2)研究以往的成績，可以發現目前工作進行的問題點。目標和現實之間，必定會有許多差距。譬如，下定決心想要每天讀書 8 小時，但往往會因為各種阻礙，使得原定的 8 小時，變為 7 小時、5 小時。無論計劃得多麼完善，在現實生活裏，總是無法完全按照計劃進行。就算考慮再三，如果有意想不到的事情發生，原定計劃就會被打亂。

　　然而，如果因為這樣，就什麼事都不做也不行。想辦法彌補目標和實際的差距，是很重要的。也許這些差距是永遠也沒辦法填補好的，但逐漸縮短其中差距，卻是人人都能做到的。

　　目標如果是紙上談兵，那當然另當別論。如果目標有可能達成，卻無法達成時，則分析其中原因是很重要的。因為在這些差距裏面，正隱藏著自己發展的可能性。

　　譬如，某業務員始終無法提高業績。這時，不妨先回頭看看

以往累積下來的業績。如此一來，應該可以找到譬如和人應對能力不行，準備方法不好之類的問題。反過來說，這個業務員好歹也完成了一些業績。只要能夠克服應對不行、準備不足之類的缺點，應該能夠更進一步發展。

在達成目標的過程中，檢討過去完成的成績是非常必要的。因此，有必要將自己的能力客觀化，作爲一種標準，以分析實際表現和目標之間的差距。使實際表現和目標之間的差距一目了然，是進度表的好處。此外，由於加深對差距的印象，也會使自己強烈感到有必要檢討工作情形。還有，由於看得到自己的工作進度，也能早一點發現差距的產生。

想要有效研究工作情形，有時可以摒棄以往的看法，從其他完全不同的觀點來看自己的工作情形。譬如，請別人批評也是個方法。所謂「旁觀者清」，常常有許多事情是經別人提醒才發覺的。

總之，如果自己的方法行不通，不妨換個方法，積極改變自己的觀點。隨著觀點的改變，你將發現更多可行的辦法。

(3)原本無法解決的問題，一寫在紙上，竟然意外地解決了。工作遇到問題，有時花了許多時間思考，還是不能找出解決辦法，使得工作無法進展。想要解決這種問題，必須先儘量找出問題所在。如果不知道問題點，是沒有辦法解決問題的。

譬如，一味地煩惱「計劃不能順利推展，該怎麼辦啊？」是不能解決問題的。如果能夠想想「計劃不能推展，應該是人手不足造成的吧！如果補充不足的人力，會不會比較好？」這樣，不但比較有用，也較節省時間。

如果發生問題一味地煩惱，常會使大腦無法思考。即使打算找出具體解決辦法，也會因爲一味煩惱「怎麼辦啊！這樣做好嗎？

嗯，不行。還是該這樣做呢……」結果還是不知道該怎麼辦，只會讓自己疲勞而已。而且，這樣的煩惱還會使自己越來越無法客觀地面對問題。如果能確定問題所在，就能找出許多對應的方法。

想要使問題明確，不妨將煩惱的事情，造成問題的事情寫在紙上。只要寫在紙上，很奇怪的，問題總能迎刃而解。這是因為在腦中思考的並不明確的問題，清楚地浮現在自己的眼前。有些人常常煩惱，卻不知道為何煩惱。其實，面對問題，只有找出問題，解決問題才是辦法。想要做到這點，必須儘量客觀地分析問題，探討原因。既然是人類的問題，人類大都能夠解決。

人只要一煩惱，工作效率自然會降低。這時，必須先寫出究竟在煩惱什麼。如此一來，至少寫出來的部份無須再花腦筋，而能將思考轉向解決的方法。即使是個謎題，只要有解題的決心，同時保持冷靜，自然可以找出解決辦法。

⑷牆上的標語只要一達成就更換。目標應該經常更新，因為目標既然是一種手段，則在達成之後，自然就沒有存在的必要。尤其是近期目標，每達成一個，就得更換一個。然後，經過不斷地累積，中期目標也得更換。當然，最終目標，譬如幸福的生活等，並不是那麼容易就能更換的。不過，逐步更換近期目標、中期目標是毫無問題的。如果有人目標永遠不變，這個人也不會有什麼進步的。

然而，即使人人都有非做不可的目標，往往還是會因為眼前的瑣事，與原先的目標越離越遠。這時，如果有人提醒你：「喂，現在不是做那些事情的時候吧！」當然是最好不過，不過，實際可能性不大。這時，能夠提醒你的只有標語。

如果標語一直不變，就像是牆上的污點一樣，效果就差很多

了。因此，必須在標語的效果降低之前，儘快完成目標。

爲了使一天的工作順利開始，事前的準備工作是不可或缺的。有些人在著手工作以前，必須抽一支煙，或者看看報紙。他們認爲這也是一種準備工作吧？

與其做一些跟工作無關的準備工作，不如做一些與工作本身息息相關之事。爲了在有限的時間內，順利地進行工作，最好能很快地製造融入工作的氣氛。

例如：在會議上必須作一大堆報告的話，那就先看看那些會議大綱以及內容。

有時，由於要做的事情實在太多，叫人不知從何處著手才好。遇到這種情形，不妨先把每一項工作都寫在紙條上面，如此就能胸有成竹，知道從何處著手。

79 讓生活有規律

1.保持生活規律的習慣，避免工作步伐零亂

必須保持有規律的生活習慣，避免生活與工作步伐的零亂，尤其是不足的睡眠及即興的狂歡，最易讓人的精力流失，讓工作效率下降。一個晚上的狂歡，可能讓人兩三天精神不振。

養成定時就寢與定時起床的好習慣。尤其每天早上做運動，更可以保持充沛的精力，帶給自己美好的一天。養成運動的習慣，主管每天可自己做半小時左右的有氧運動，有氧運動可以改變人

體內的生化物質。這樣就又可以讓自己睡得更好，信心百倍且心情不愉快，在具有充沛的精力的狀況下，自然能保持應有的效率。

2.找出自己的生理時間，計劃自己的生活步調

有些人習慣在白天工作，有些人則是到了夜晚精神特別好，每一個人的生理時間是不盡相同的；所以，主管可花一個星期的時間，觀察與記錄自己每天的精神狀況，以瞭解自己在一天當中那一個時段最有精神，也就是在一天當中精神最好、工作最起勁的時段，亦即「核心時間」。

要提升工作效率，最好能養成每日下班前，安排好隔日的作息時間和工作計劃，不但可以讓自己安心返家休息、睡覺，同時不會在第二天，被一些雜七雜八的瑣事纏身，而忽略了重要的事。瞭解自己的生理時鐘，妥善安排適當的工作，加上規律的生活，相信必能讓效率發揮到最高。

主管應試著空出自己的「核心時間」用來處理重要的事，如做重要的決策、需要用頭腦傷腦筋的創意工作等。千萬不要在每天最疲憊的時段，做重要的事項。

3.不是工作配合自己，而是自己步調配合工作

常聽到有人說：要成功就要做自己喜歡做的事。剛開始聽到時覺得很有道理，惟有從事自己內心真正喜歡的工作，才能發揮潛能，全力去做，成功的機會當然也就大了。所以，作為主管應具有「歡喜做，甘願受」的人生觀，讓自己完全改變了原先的想法，變成「我要去喜歡我正在做的工作」，這樣就能更有效率地做好現在的工作，也讓我更能積極地生活，因此能接受當前自己的工作、樂在工作的人，他無論是遭遇順境或是逆境，其成功的幾率遠大於等待自己喜歡的工作到來的人。

要提升工作效率，當然要以自己的工作為中心，調整自己的步調來配合工作，有的主管是從事晚班的工作，因此所有的作息均與一般人不同，所以自己時間的安排要特別注意，在該休息時就要強迫自己休息，不要讓自己在工作時缺乏心力，讓工作效率打了折扣。

80 做好檔案管理

1.檔案管理不佳的嚴重性

為了找一份資料動用了部門內的數位同仁，弄得人仰馬翻，花費了一個小時才完成，由此可見，效率之低。

有幾項最重要的基本工作，如果不去重視它，在有形與無形上，對效率的影響甚大，其中一項就是檔案管理。

缺乏一套系統化的檔案管理，應特別針對檔案的儲存管理，檢索方式加以瞭解，發現自己的部門忙碌而沒有績效的原因，先起源於自己及同仁們不重視檔案的規劃、分類、保存，缺乏全面性的管理所致。

例如，當研發單位發展新產品後或修改新的版本時，其設計圖紙及製造重點、品質規範，缺乏一套檔案編碼及有效檔案管理模式，難免造成現場人員因找不到製造相關指示圖或取用錯誤的圖而白白浪費了無謂的時間。

尤其，當生產線人員需要參考歷史資料時，設計單位需花費

相當多的時間尋找，往往提供的資料是錯誤的。客戶最後退貨的原因，往往不是生產的品質，而是實際的規格與客戶的要求不合，不只是原產品生產成本的損失、重工的浪費，嚴重時客戶甚至於會要求交期延遲的損失賠償。

2. 縮短檔案檢索的時間，是檔案管理的重點

檔案管理的目的在於有系統管理儲存檔案，而且在最短的時間內可以找到正確檔案資料。縮短檔案檢索的時間，是檔案管理的重點。

應學習圖書館儲存保管書籍的技巧，進而管好自己的檔案，好的圖書館的條件一是藏書豐富；二是找書快速。為了快速能找到檔案，主管應全面盤點、檢討、整理、分類、統一、規定自己檔案的管理。否則，就常會因尋找檔案浪費時間而無形中降低自己的生產力與效率。

3. 利用電腦管理檔案是大家認同的趨勢

無紙化檔案管理的理想是現代企業努力的目標，因為現今電腦的儲存空間愈來愈大，儲存的成本愈來愈便宜，文字、圖形、聲音、影像數字化的技術日趨進步，無紙化檔案儲存管理的理想與目標已近在眼前。

近年在網際網路上，提供大家查詢的數據庫已普遍化，因此可利用此類的軟體將公司的各類檔案資料納入類似圖書館可查詢的數據庫，供全球或各地關係部門立即在不同的地方查詢，減少檢索檔案的時間。

有家零件製造廠，其各項產品的製造、相關圖形及注意事項，一一以電腦檔案儲存，再依產品系列編號原則，建立查詢系統，所有產品的有關檔案，立即方便隨時可查閱，更新版本的資料一

目了然，客戶下單後，有關人員均能在電腦數據庫上列印最新的生產指示資料，無須去麻煩設計研發單位，其間所節省的時間，提升的效率不是自己能想像的。

4.利用顏色管理有助於檔案查找速度

「人是視覺動物」，所以對色彩的判別速度，比文字的判別來得快速，我們可以善用顏色提升檔案管理的效率。

例如，紅色封面的卷宗代表緊急公文，須限時處理；綠色封面的卷宗代表一般公文，按正常時效處理即可；也可以依不同單位部門給予不同的顏色代表，如流程制度作業文件，依行政、行銷、生產、資材、研發區分，其儲存文件的檔案夾用不同的顏色來區分，往往在儲存或是尋找時，會減少許多時間，效率無形中相對得到提高。

5.全面規劃個人的檔案管理有助於事業的成長

作為管理者，當自己決定以「企業顧問」、「演講教育」為個人事業目標時，則投入一段時間分析規劃自己未來的生涯，尤其針對未來清楚地瞭解所需要的專長類別及可能需要整理的數據文件後，通過電腦檔案的管理，將自己上課的投影片、講義，依題目類別歸列為策略規劃、目標管理、領導管理、品質管理、業務行銷、成功激勵、習慣領域、人際溝通、個人形象等資料夾。無論是自己的寫作或是外來的資料，儘量以電腦數字的形式儲存在這些資料夾中。

當自己受邀演講時，則可依演講的題目，迅速從舊有的投影片檔案資料中複製一份，再加入新的資料，很快地完成依不同聽眾族群而設計的課程。

假如，一年內去演講 300 場不同題目、不同內容的講座，如

果沒有電腦及完善的檔案管理，恐怕 40 歲前就得勞累而死。

除了用電腦儲存相關資料外，另購買多個活頁式檔案夾，針對各種分類一一收集相關文章、資料，尤其是其他資料、報紙中的好文章，通過影印機轉成 A4 的大小，然後再存放。

活頁式的小卡片，可隨時攜帶在身邊，突發的想法、靈感或臨時聽到的好建議——尤其看電視時，常會看到一些有啓示的小故事，還有固定的進修(上課、看書、聽演講、聽錄音帶等)中所吸收的新觀念，都一一記錄下來，再依類別整理歸列，以利未來寫書演講時參考。利用以上的方法，在資料的收集、使用、創造方面就會顯得特別有效率。

提升工作效率一定要重視個人及企業的檔案管理，相信主管們應有同感。所以此刻可以放下此書，立即檢討、重新再規劃自己及工作上的資料收集、整理、儲存的模式，用一些技巧，讓自己的檔案管理更有系統及效率。

81 激發自己的學習動力

1. 設定學習的目標

一個人如果沒有幹勁，就沒有動力，做什麼事都不會成功，所以幹勁比技術與能力來得重要。一個人的幹勁來自於他的動機，所以必須先激發學習的動機，這樣學習才會有效率。

爲激發強烈的學習動機，首先要設立學習的目標，因爲明確

具體的學習目標方能吸引我們真正的注意力，使我們將「心」擺在學習目標上。

每一年的年初，應該為自己設立新一年的學習目標與計劃。例如，假如想為自己的部門目標業績設定為 100 萬元以上，所以主管的注意力應幾乎全放在業績上。當設定目標後，目標就會引起自己的注意力，學習的衝勁就會很高，就很容易獲得學習的成果。

2. 體驗成功的快感

要提升學習的幹勁，除了要設定目標外，接著就是要強烈體驗成功學習後的好處。

例如，要想學習英文，就要確定學習英文的目標，如：可獨自自助旅行 15 個國家，結交英文語系 10 個家庭以上並有助於自己未來國際貿易事業。事先不斷的強烈體驗達到學習目標後的好處，想像自己背著簡單的行李，遊歷在不同的國度，由於你流利的英文得以深入欣賞各國不同的風俗習慣，結交各國人士，讓自己的事業拓展至 15 個國家，成為跨國的企業。

相信此種情緒會大大激發自己學習的動機，加強自己學習的慾望，有助於目標的實現，讓自己成為高效率的學習者。

3. 如何有效率地讀書

現代人要吸收的新信息，實在是太多了，必須不斷學習成長，如何通過有效率閱讀書籍，充實自己的實力是必備的課題。

因此，必須去學習如何有效率地閱讀有關書籍，增加自己的本職學能與日新月異的知識。

(1)設定看書的目標與計劃。先制訂個人的生涯規劃，排列自己近五年需維繫或進修的學習領域後，每三個月到書店，一次選

購這一季要看的書籍。接著安排本月的看書計劃,原則上,以每天同時看四本書,每週看完三本書爲目標來進行計劃。

李君客戶經理,經常放一本放在自用轎車上。倘若不趕時間,上車時,就會利用約 15 分鐘靜靜迅速地閱讀,有時也利用等紅燈或塞車時,快速地閱讀;尤其是拜訪客戶時,比預約的時間早到時,更是他快樂享受閱讀好書的時刻。

通常,只要一星期就可以利用在車上的時間看一本書了。在車上閱讀的書最好選擇章節簡短及不需做筆記的書,也就是說,每一段落的文章不會太長,每一篇閱讀不會超過 5 分鐘,可以利用開車的時間,每天一篇或利用一週的時間專心閱讀,不知不覺中就會將書本看完。

(2)有效閱讀書籍的方法。所謂「有效」,即是在最短的時間內吸收到作者的思想精華,並永遠爲自己所運用。有效閱讀書籍要掌握兩個重點:要有效精讀;重覆閱讀。

如何有效地精讀?

首先,在看一本書前,先詳細閱讀其目錄,瞭解這本書的內容架構,掌握書籍的大致內容與重點,才進行閱讀。逐字逐句閱讀,務求瞭解作者的原意,才繼續往下閱讀,同時要用筆將重要的段落或詞句,畫線註記出來,並利用書籍前幾頁空白的紙張,註記筆記重點,將書中精彩重要的論點或重點摘要,記述在書籍前面空白頁上,以利未來復習查閱,尤其,須在筆記重點前註記頁數,方便未來查閱。

爲了融會貫通書籍的精要,最迅速有效的方法是整理製作一份上課的投影片,並且,找出全書中的精要說給別人聽,這種讀書學習的模式是最有效的。

(3)不斷重覆復習閱讀過的書籍。一本好書，需不斷地復習，才會融入自己的觀念與習慣中。經過時間的變遷後，在每一時期，同樣一本書，對自己的影響及啓發可能都不會一樣。如果要將一本好書完全吸收融入，必須經過重覆閱讀才能在自己的大腦中建立強而有力的記憶，加上遇有機會不斷與人分享，相信自己真正的學到了作者的思想，甚至於可能「青出於藍」。

4. 建立自己學習的數據庫

現代人吸收新知及學習的來源，不外乎報紙、雜誌、書籍、電視廣播、聽演講、上課、參加研討會、參展、廣告、朋友閒聊等；而且，花在學習的時間絕不會太少，因此，爲了確保學習的效果最大，必須建立起一套完整且有效的學習數據文件庫，利用分類及各種檔案管理儲存方法，記錄儲存相關的資料。

(1)隨身攜帶活頁式卡片，記錄下參與會議討論或是與朋友閒聊、電視廣播上學到的好觀念、好點子或詞句，再依個人檔案管理分類的原則，標示歸類。

(2)養成剪報及收集廣告傳單的習慣，在報紙上看到好的文章，或是在雜誌上看到相關本業的文章訊息，應立即影印一份，依檔案管理分類的原則收藏儲存。

(3)上課聽講的講義及筆記重點事後應重新再整理一次，利用電腦投影片製作軟體，製作一份上課課題完全一樣的投影片，除了原來老師的講義、投影片外，加上自己的聽講筆記及心得，重新整理出來的資料，將會超越原來老師所要表達的。將此檔案也依檔案管理分類一一儲存在電腦的相關資料夾，以利未來所用。

(4)學習將所收集的數據庫信息化，也就是說，將數據文件數字化，整理分類儲存在電腦中，使用個人隨身筆記本電腦，儲存

學習的數據庫，不管在找尋、取閱、整理、分類、容量上都很有效率。

5.重視學習的學習方法

建立個人的學習數據庫是提升學習效率的重要方法之一。此外，還有一些，例如，如何加強記憶、如何提升學習效果的課程，不妨多接觸、多學習。畢竟，學習佔人生中極大部份時間，所以怎麼能輕易忽視它？

82 要學會適當拒絕

時間管理專家曾經問一位很有名的零售業者——藍曼馬庫斯公司的名譽董事長斯坦利‧馬庫斯：「你認識的那些有錢、有勢、有名的人的共同特點是什麼？」

馬庫斯回答說：「他們1天都是有24小時。」他接著解釋：「世界幾乎全面地進步，但我們1天還是只有24小時。最成功和最不成功的人一樣，1天都只有24小時。」

時間管理專家尤金‧葛裏斯曼和藍曼馬庫斯公司的名譽董事長斯坦利‧馬庫斯的對話，說明了時間的重要性，時間對每個人都是平等的，可見要惜時如金，不能讓別人隨便佔用你的時間。

1.學會拒絕的重要性

學會拒絕的重要性在於：

(1)「拒絕」是一種「量力」的表現。有些請托若由他人承受

可能比你自己承受更爲恰當。

(2)拒絕是保障自己行事次序的最有效手段。

倘若因勉強接受他人的請托而擾亂自己的步伐，結果將無異於根據他人的行事優先次序而生活，或是根據他人的節奏辦事，這是不合理的。也許你會以爲，爲了保障自己的行事優先次序而拒絕他人的請托，是一種自私的行徑。但這是一種觀點與角度的問題。試問：當一個人爲了貫徹他自己的行事優先次序，而妨礙了你貫徹自己的行事優先次序，那麼他是否就不自私？其實，避免因拒絕他人的請托而產生「良心不安」的一個可行的辦法是：在擬定與檢查自己的行事優先次序時，經常將別人的福祉也列入考慮。

2. 拒絕請托的要領

(1)要耐心傾聽請托者所提出的要求。即在他述說的半途中即已知道非加以拒絕不可，但必須凝神聽完他的話語。這樣做，爲的是確切地瞭解請托者的請托已給予莊重的考慮，並顯示你已充分瞭解到這種請托對請托者的重要性。

(2)拒絕接受請托時，你在表情上應表示對請托內涵的瞭解，以及表示對請托者的尊重。

(3)如你無法當場決定接受或拒絕請托，則要明白地告訴請托者你仍要考慮，並確切地指出你所需要的考慮時間，以消除對方誤以爲你是在以考慮做擋箭牌。

(4)拒絕接受請托的時候，應顯示出和顏悅色。最好多謝請托者能想到你，並略表歉意。切忌過分地表達歉意，以免令對方以爲你不夠誠摯——因爲你如果真的感到那樣嚴重的過意不去，那麼你將會設法接受他的請托而不會加以拒絕。

(5)拒絕接受請托時，你除了應顯露和顏悅色的表情外，仍應顯露堅定的態度。這即是說，不要被請托者說服而打消或修正拒絕的初衷。

(6)拒絕接受請托者，你最好能對請托者指出拒絕的理由。這樣做，將有助於維持你跟請托者原有的關係。但這並不意味著對所有的請托拒絕都必須附以理由。有時不申訴理由反而會顯得真誠。例如，你偶爾對頻頻請托的人和顏悅色地說：「真抱歉，這一次我將無法效力，希望你不介意！」相信不至於產生不良的後果。但是一旦你附以拒絕的理由，則只須重覆拒絕，而不應與之爭辯。

(7)要讓請托者瞭解，你所拒絕的是他的請托，而不是他本身。也就是說，你的拒絕是對事而不對人的。

(8)拒絕接受請托之後，如有可能你應為請托者提供處理其請托事項的其他可行途徑。

(9)切忌通過第三者拒絕某一個人的請托，因為一旦這麼做，不僅足以顯示你的懦弱，而且在請托者心目中會認為你不夠誠摯。

在當今生活節奏日趨快速的社會裏，時間無疑是一種極其珍貴的資源。對事務繁多來說，時間的重要性更是不言可喻。遺憾的是，不速之客的干擾往往迫使其難以專心致志地工作，甚至費時費力且徒勞無功。為有效節省時間，現將對付不速之客的若干可行途徑簡介如下：

1.不要採取無條件的「門戶開放政策」

在強調「員工為本」的領導方式之下，為避免令員工產生高不可攀的錯覺，遂矯枉過正地採取無條件的門戶開放政策，即向所有員工宣稱，隨時都樂於接見他們並儘量聽取他們的意見。為表示誠意，甚至連自己辦公室的大門也經常敞開，結果不速之客

源源而來。固然門戶開放政策有助於下情上達，但這種政策的實施應以不妨礙領導工作為限。換句話說，若能改而採取有條件的門戶開放政策，則起碼可減少一部份不速之客。

2.由秘書安排約會事宜

由秘書全權安排約會事宜，或至少授權秘書對約會事宜作初步安排。這樣做不但可將一部份不速之客納入預定會客名單之中，而且可將他們編排在最方便的時間會見。

3.授權秘書甄別並攔截來客

秘書的座位應被安置在通往辦公室的必經途徑上。這樣，任何走向辦公室的人均在秘書的視線範圍以內。在不速之客走進辦公室前，秘書應該禮貌地問明來意，並以類似這樣的話語徵詢來客的意見:「他正忙著呢！你要不要他回頭再與你聯繫？還是想現在與他見面？」這樣做可擋住大部份無特殊急事的不速之客。

4.規定接見下屬的時間

可規定一天內的某一段時間接見下屬,例如由上午 10 時至下午 3 時。這樣,他至少可讓上午 10 時以前及下午 3 時以後的時間不受干擾。必要時也可要求求見的下屬事先向秘書登記，並將求見的原因及大致所需的時間通知秘書，以便秘書做出合理的時間安排與資料的準備。當然，特殊事件或緊要情況的呈報，將不在此限。

5.移樽就教

有時下屬會當面要求給予若干時間探討某些問題，此時可先問明事情的緊要程度。倘若事非緊要，則可用「你可否先回自己地方？我一有空就即刻過來看你」之類的話語來阻止突如其來的幹擾。因為這樣做可以讓上司:

⑴在這種情況下仍可繼續進行手頭上的工作,直至完成爲止。

⑵不讓來客到辦公室來,可因而避免喪失對全局的控制。

⑶上司置身於下屬辦公室中,可完全掌握時間,因爲他可隨時離開。

⑷下屬的求見,多半是爲諮詢業務有關的問題,當置身於下屬辦公室,一旦有需要再度檢查資料,則唾手可得。這即是說,主管可借遷就下屬而更接近問題的根源。

⑸主動造訪下屬,可被解釋爲對下屬的重視。

6. 在辦公室外接見外界不速之客

如組織以外的客人來訪又不願向秘書透露來意,則不應讓他走進辦公室。此時上司可走到辦公室的外面與他熱烈握手並問明來意,以便決定是否請他進來。站在辦公室外見客,有助於縮短會客時間。

7. 站立會客

對付秘書疏於攔截的或是不理秘書攔截而登堂入室的不速之客的最好辦法是,馬上起立並給予友善的招呼。如果正在繁忙當中,則可坦白相告,並另約時間面談。就算願意當場與他交談,上司仍以站立爲宜,因爲一旦上司站立則可避免對方坐下。這樣不但可縮短面談時間,而且可使心理上居於上風。

8. 讓秘書控制會談時間

秘書應通過他個人的判斷,或她與上司的事先約定,對會談時間實施控制。

控制方法是這樣的:在談話超過某一合理的時間以後,秘書即以電話或親自登門提醒上司有關其他待辦事項。這將促使面談適時地在自然的方式下結束。倘若上司認爲仍有再談下去的必

要，則他可給予類似下面的答覆：「我再過 5 分鐘即可結束。」這
個答覆不但令秘書瞭解預定結束的時間，而且也給予訪客一種結
束的信號。

9.利用隱蔽的辦公室

所謂「隱蔽的辦公室」，即指只有秘書才知道的辦公處所。當
上司面臨重大的決策關頭，或是從事計劃籌謀的時候，通常都需
要一個能鬆弛精神與集中注意力的環境，隱蔽的辦公室便是一個
理想的「避風港」。

83 避免精力分散

1.儘量避開干擾

在一天的工作中，經常會受到一系列的干擾因素。這些因素
主要是外部對自己產生的影響。特別是在辦公室，存在著各種完
全不同干擾頻率的時間段（同事的、外部的）。

應該在每日計劃制訂中參考辦公室干擾曲線。相應地，你能
夠並應該在無干擾的時間段做重要的工作，思考關係全局的問題。

根據自己的工作狀況就可以得出自己的每日干擾情況圖，並
且還可以採取以下方式來避開干擾高峰，給自己留一個清靜的獨
立思考空間。

(1)當工作多半是案頭工作時，建議採用反輪轉式的工作方
式。就是說，例如可以將午休提前或推後。這樣，你就獲得了一

個幾乎沒有干擾——至少沒有同事干擾的時間，在這個時間裏，你可以「了卻」很多的事。

(2)適當調整自己的作息習慣以避開規律性的干擾高峰。如果你是個愛趕早的人，那麼早去吃飯就是合理的。

(3)最多的干擾發生在 10 和 12 點之間，這是傳統的電話時間，因此你也一定要利用這段時間集中處理你的電話業務。

2.善用時間隔離法

由於主管所處職位和工作內容的不同，某些主管經常會遇到避無可避的干擾境況，但是，卻又有很重要的事情等待你做出決定，此時，你可以利用時間隔離法來將自己與外界隔絕，從而細心思考，盡可能做出正確的決定。

在使用時間隔離法時，主管可根據自身情況，適當縮短或延長隔離時間，並且在隔離前要做好充分準備，必須最有效地利用這段時間。

3.學會集中精力

在缺乏獨立思考的干擾因素中，還有來自主管自身的因素，就是主管自己在思考過程中分散了精力，精神不能集中。如正在考慮某一重要問題時，頭腦中突然浮現出對另一問題的想法，或者靈機一動想出了對另外問題的好主意。這時，主管應該迅速排除干擾。可將臨時出現的想法、主意的主要內容馬上記錄下來，等做完自己當前所從事的主要工作以後，再接著思考，分析比較，以便充分開拓自己的思路。

為了防止出現干擾現象，主管在思考重要問題前，要做好以下兩點：

(1)處理掉可能分散精力的工作。如果一邊思考著重大的決策

問題，一邊又惦記著馬上或明天要交差的工作，即使想集中精力，也是辦不到的。

(2)預先限定某項工作完成的時間，也有助於排除干擾，集中精力。工作無限時，什麼時候完成都行，就等於什麼時候都完不成。只有定下何時完成的時間目標，將自己的身心全部投入到工作中去，造成一種精神上的興奮和緊迫感，才能排除各種干擾，爭取時間。

84 你能否合理安排工作

一個人的優點與缺點對工作影響是很大的，而認識自己——長處和短處，對於你能否有效利用時間，並合理安排工作是非常重要的。

◎ 測試題

1. 對於我的工作和它所要求的技能，我是完全合作的。（　）
2. 我非常具有說服力，通常都能讓別人贊成我的觀點。（　）
3. 我很容易與人相處。（　）
4. 我非常誠實，不管是對自己還是對別人。（　）
5. 我有高度集中的注意力，沒什麼能分散我的注意力。（　）
6. 只要我用心，任何東西我都能學得很快。（　）

7. 我天生就是領導者，經常處於事情的領導核心之中。（　）

8. 我身體健康、精力充沛，從來不會覺得太疲憊而不能完成工作。（　）

9. 我非常自律，會完成要求的工作。（　）

10. 我自主決斷，能很快做出選擇，並且堅信自己的選擇是對的。（　）

11. 我會把一切安排得井井有條。（　）

12. 我充滿勇氣，勇往直前，沒有任何害怕恐懼能阻止我。（　）

13. 我具有創造性，腦子裏裝滿新想法，同時又願意聽取別人的意見。（　）

14. 我有很好的判斷力，並常常預感我能找到正確的答案。（　）

15. 其他人認同我的領導，並且願意服從。（　）

16. 我在團隊中工作得很好，能讓其他人參與團隊的決策。（　）

17. 我覺得自身有巨大的潛力，我的能力和人格會得到進一步的發展提高。（　）

18. 我對於我目前的工作目標非常滿意，並且對達到這一目標非常樂觀。（　）

19. 我有取得個人目標的巨大的精力和動力，並且我確信在取得這些目標的過程中，我的精力使用得非常合理。（　）

總分：＿＿＿＿＿

◎ 測試說明

對於以上的每一項，你都給自己從 0～10 打分。評分方法如下：如果提到的內容你一條也不具備的話，給自己 0 分；如果你比任何你認識的或一起工作的人都具有所說的素質的話，給自己 10 分；如果你認為自己具備的品性與別人差不多的話，給你自己

打 5 分。

◎測試結果

(1)一些問題的得分若低於 5 分會大大降低你作爲主管的有效性。

(2)一些問題的得分若大於等於 7 分會很好地證明你是一個主管。

85 你會支配自己的時間嗎

◎測試說明

　　成功管理的訣竅是擁有關於支配時間的技能，通過回答下述提問，可以發現你對時間支配的情況如何。請選擇與你的實際情況最爲接近的答案。最後把得分加起來，如果選 A 得 1 分，選 B 得 2 分，選 C 得 3 分，選 D 得 4 分。看看你的成績如何。根據你的選項就可以確定你最需要改進的地方了。

◎測試題

1.開會時我準時到達並做好準備。（　）

A.從不　　　B.有時　　　C.常常　　　D.總是

2.我確信在會議室裏看得見時鐘。（　）

A. 從不　　　B. 有時　　　C. 常常　　　D. 總是

3. 我組織的會議達到了目的。（　）

A. 從不　　　B. 有時　　　C. 常常　　　D. 總是

4. 我組織的會議準時結束。（　）

A. 從不　　　B. 有時　　　C. 常常　　　D. 總是

5. 郵件一放到我的桌上就立即拆閱。（　）

A. 從不　　　B. 有時　　　C. 常常　　　D. 總是

6. 我快速流覽報紙和雜誌上有關的文章。（　）

A. 從不　　　B. 有時　　　C. 常常　　　D. 總是

7. 對於我不閱讀的雜誌和刊物，就在訂閱表上劃去自己的名字。（　）

A. 從不　　　B. 有時　　　C. 常常　　　D. 總是

8. 收到的傳真，當天閱讀。（　）

A. 從不　　　B. 有時　　　C. 常常　　　D. 總是

9. 我能夠不被同事打斷，完成工作。（　）

A. 從不　　　B. 有時　　　C. 常常　　　D. 總是

10. 由我來決定一天之內工作被中斷的次數。（　）

A. 從不　　　B. 有時　　　C. 常常　　　D. 總是

11. 對同事的來訪我陪出一定的時間。（　）

A. 從不　　　B. 有時　　　C. 常常　　　D. 總是

12. 當我需要進行策劃思考時，會關上辦公室的門。（　）

A. 從不　　　B. 有時　　　C. 常常　　　D. 總是

13. 我告訴來電者我會給他們回電，我的確這樣做了。（　）

A. 從不　　　B. 有時　　　C. 常常　　　D. 總是

14. 我限制通知時間。（　）

A. 從不　　　B. 有時　　　C. 常常　　　D. 總是

15. 我允許我的來電首先由某位下屬或秘書接聽。（　）

A. 從不　　　B. 有時　　　C. 常常　　　D. 總是

16. 我決定一天之內私人電話的次數。（　）

A. 從不　　　B. 有時　　　C. 常常　　　D. 總是

17. 我一收到內部備忘錄立即快速流覽。（　）

A. 從不　　　B. 有時　　　C. 常常　　　D. 總是

18. 稍後我再從頭到尾仔細地閱讀內部備忘錄。（　）

A. 從不　　　B. 有時　　　C. 常常　　　D. 總是

19. 我保持待處理文件盤中文件的數量在我力所能及的範圍內。（　）

A. 從不　　　B. 有時　　　C. 常常　　　D. 總是

20. 我把寫字桌上的全部文件整理好。（　）

A. 從不　　　B. 有時　　　C. 常常　　　D. 總是

21. 我把自己不能完成的工作委託同事去做。（　）

A. 從不　　　B. 有時　　　C. 常常　　　D. 總是

22. 我會跟進委託別人代辦的工作。（　）

A. 從不　　　B. 有時　　　C. 常常　　　D. 總是

23. 我鼓勵下屬把他們的報告簡化爲一頁紙。（　）

A. 從不　　　B. 有時　　　C. 常常　　　D. 總是

24. 我考慮有誰需要我正在傳閱的資料。（　）

A. 從不　　　B. 有時　　　C. 常常　　　D. 總是

25. 我正確均衡「想」和「做」所耗費的時間。（　）

A. 從不　　　B. 有時　　　C. 常常　　　D. 總是

26. 每天我列出要做事情的清單。（　）

A.從不 　　B.有時 　　C.常常 　　D.總是

27.我保持每天工作一定的時間——決不超過。（　）

A.從不 　　B.有時 　　C.常常 　　D.總是

28.我與下屬保持個人聯繫。（　）

A.從不 　　B.有時 　　C.常常 　　D.總是

29.我看重每個同事的長處。（　）

A.從不 　　B.有時 　　C.常常 　　D.總是

30.我確信自己瞭解最新的信息技術。（　）

A.從不 　　B.有時 　　C.常常 　　D.總是

31.我儲存了電子郵件的內容，以便以後在顯示器上閱讀它們。（　）

A.從不 　　B.有時 　　C.常常 　　D.總是

32.我在自己的電腦裏記錄了家庭賬目。（　）

A.從不 　　B.有時 　　C.常常 　　D.總是

◎結果分析

把各題的得分相加，得出總分，再閱讀相應的評語來檢查自己的表現。

32～64分：你應該學習更有效地支配你的時間，在無效益而強度又大的工作上減少時間的耗費。

86 你能否有效提升效率

◎ **測試題**

1.你對第二天上班需帶的一些東西，是這樣準備的（ ）

A.當天晚上全部整理好

B.家中的東西本來就井井有條，隨時即取即用

C.每天早上得費時費力去找

2.當你準備第二天早些起床時，你是這樣做的（ ）

A.預先上好鬧鐘

B.請家人到時候喊

C.自信到時能醒來

3.你早上醒來以後，總是（ ）

A.從容起床後，輕微鍛鍊一下，再著手幹要幹的事情

B.立即跳下床開始學習

C.估計時間還來得及，就在被窩裏「舒服一會兒」

4.你動身上班的時候總是這樣掌握的（ ）

A.提前一會兒到達

B.不緊不慢正點到達

C.慌慌張張，經常遲到

5.你每天晚上就寢的時間大約是（ ）

A. 憑自己的興趣

B. 把事情幹完即睡

C. 大體在同一時間睡

6. 仔細觀察一天自己，看看疲憊、失望、煩躁這類情緒出現的情況如何？（　）

A. 從未出現

B. 偶爾出現

C. 好像總是被這類情緒折磨

7. 當上司因爲對你工作不滿批評你時，你的情緒如何？（　）

A. 滿腹怨言

B. 希望有一天坐在他的位置上對他說同樣的話

C. 也許真的是自己能力有限，只好加倍努力

8. 如果讓你把「工作」當成比喻的本體，你將把工作比喻成什麼？（　）

A. 朋友　　　　B. 孩子　　　　C. 母親

9. 面對上司，你是否有抑制不住想大發雷霆的時刻？（　）

A. 是的，有

B. 沒有

C. 仔細想想，上司好像從沒給過我這樣的機會

10. 擺在面前的工作真是很繁重，並且要求在一個有限的時間內完成，可就在這關鍵時刻，你忍不住打了瞌睡。醒來以後你會爲此自責嗎？（　）

A. 會的

B. 不會，因爲只有休息好，才會工作好嘛

C. 可能會有些後悔浪費了大好時間

11.老闆心血來潮給你一天休假，你是否會有如釋重負的輕鬆感？（ ）

A.不會，因為我人雖休假，工作仍然躺在那裏

B.即使工作還是要做，但能休假一天當然好

C.沒有什麼特別感覺

12.想想在做這份工作之前，你的生活是什麼樣的，跟現在比較一下，你會得出怎樣的結論？（ ）

A.現在真是糟糕透了

B.更滿意現在的生活

C.沒什麼太大變化

13.在與朋友閒談時，你會將工作上的問題介入話題嗎？（ ）

A.不知不覺就那樣做了

B.從不在閒聊時談論工作

C.無所謂是否將工作的問題介入話題。因為和朋友聊的就是工作嘛

14.對你的上司，你認為最為適宜的評價是什麼？（ ）

A.不折不扣的死硬派

B.和藹謙恭的老好人

C.表面平凡內藏玄機的神秘人物

15.如果和朋友、同事對某問題的認識產生分歧，你一般這樣解決：（ ）

A.堅持己見，爭論不休

B.你認為沒有必要爭論而免開尊口

C.表明自己的觀點，但不爭論

◎ 測試結果

根據下列表格，把各題得分相加，統計總分。

0～15 分，說明你已經應該認真考慮一下，你的工作效率要好好調整一下了。

16～20 分，對你而言，工作是有一定的效率，但還有很多事情沒做好調整，再把自己的工作、生活順序好好調整一下吧。

21～30 分，說明你是駕馭工作和生活的高手。

選項 得分 題號	A	B	C
1	1	2	0
2	2	1	0
3	2	1	0
4	2	1	0
5	0	1	2
6	2	1	0
7	1	2	0
8	1	0	2
9	0	2	1
10	0	2	1
11	0	2	1
12	0	2	1
13	0	1	2
14	0	1	2
15	0	1	2

圖 書 出 版 目 錄

下列圖書是由憲業企管顧問（集團）公司所出版，以專業立場，為企業界提供最專業的各種經營管理類圖書。

1. 傳播書香社會，凡向本出版社購買（或郵局劃撥購買），一律 9 折優惠。
   服務電話 (02) 27622241　(03) 9310960　　傳真 (02) 27620377
2. 請將書款用 ATM 自動扣款轉帳到我公司下列的銀行帳戶。
   銀行名稱：合作金庫銀行　　帳號：5034-717-347447
   公司名稱：憲業企管顧問有限公司
3. 郵局劃撥號碼：18410591　　郵局劃撥戶名：憲業企管顧問公司
4. 圖書出版資料隨時更新，請見網站　www.bookstore99.com

———— 經營顧問叢書 ————

85	生產管理制度化	360 元	145	主管的時間管理	360 元
86	企劃管理制度化	360 元	146	主管階層績效考核手冊	360 元
88	電話推銷培訓教材	360 元	147	六步打造績效考核體系	360 元
90	授權技巧	360 元	148	六步打造培訓體系	360 元
91	汽車販賣技巧大公開	360 元	149	展覽會行銷技巧	360 元
92	督促員工注重細節	360 元	150	企業流程管理技巧	360 元
94	人事經理操作手冊	360 元	152	向西點軍校學管理	360 元
97	企業收款管理	360 元	153	全面降低企業成本	360 元
100	幹部決定執行力	360 元	154	領導你的成功團隊	360 元
106	提升領導力培訓遊戲	360 元	155	頂尖傳銷術	360 元
112	員工招聘技巧	360 元	156	傳銷話術的奧妙	360 元
113	員工績效考核技巧	360 元	159	各部門年度計劃工作	360 元
114	職位分析與工作設計	360 元	160	各部門編制預算工作	360 元
116	新產品開發與銷售	400 元	163	只為成功找方法，不為失敗找藉口	360 元
122	熱愛工作	360 元	167	網路商店管理手冊	360 元
124	客戶無法拒絕的成交技巧	360 元	168	生氣不如爭氣	360 元
125	部門經營計劃工作	360 元	170	模仿就能成功	350 元
127	如何建立企業識別系統	360 元	171	行銷部流程規範化管理	360 元
129	邁克爾·波特的戰略智慧	360 元	172	生產部流程規範化管理	360 元
130	如何制定企業經營戰略	360 元	173	財務部流程規範化管理	360 元
131	會員制行銷技巧	360 元	174	行政部流程規範化管理	360 元
132	有效解決問題的溝通技巧	360 元	176	每天進步一點點	350 元
135	成敗關鍵的談判技巧	360 元	177	易經如何運用在經營管理	350 元
137	生產部門、行銷部門績效考核手冊	360 元	178	如何提高市場佔有率	360 元
138	管理部門績效考核手冊	360 元	180	業務員疑難雜症與對策	360 元
139	行銷機能診斷	360 元	181	速度是贏利關鍵	360 元
140	企業如何節流	360 元	182	如何改善企業組織績效	360 元
141	責任	360 元	183	如何識別人才	360 元
142	企業接棒人	360 元	184	找方法解決問題	360 元
144	企業的外包操作管理	360 元	185	不景氣時期，如何降低成本	360 元

186	營業管理疑難雜症與對策	360 元
187	廠商掌握零售賣場的竅門	360 元
188	推銷之神傳世技巧	360 元
189	企業經營案例解析	360 元
191	豐田汽車管理模式	360 元
192	企業執行力（技巧篇）	360 元
193	領導魅力	360 元
197	部門主管手冊(增訂四版)	360 元
198	銷售說服技巧	360 元
199	促銷工具疑難雜症與對策	360 元
200	如何推動目標管理(第三版)	390 元
201	網路行銷技巧	360 元
202	企業併購案例精華	360 元
204	客戶服務部工作流程	360 元
205	總經理如何經營公司(增訂二版)	360 元
206	如何鞏固客戶（增訂二版）	360 元
207	確保新產品開發成功(增訂三版)	360 元
208	經濟大崩潰	360 元
209	鋪貨管理技巧	360 元
210	商業計劃書撰寫實務	360 元
212	客戶抱怨處理手冊(增訂二版)	360 元
214	售後服務處理手冊（增訂三版）	360 元
215	行銷計劃書的撰寫與執行	360 元
216	內部控制實務與案例	360 元
217	透視財務分析內幕	360 元
219	總經理如何管理公司	360 元
222	確保新產品銷售成功	360 元
223	品牌成功關鍵步驟	360 元
224	客戶服務部門績效量化指標	360 元
226	商業網站成功密碼	360 元

227	人力資源部流程規範化管理（增訂二版）	360 元
228	經營分析	360 元
229	產品經理手冊	360 元
230	診斷改善你的企業	360 元
231	經銷商管理手冊（增訂三版）	360 元
232	電子郵件成功技巧	360 元
233	喬‧吉拉德銷售成功術	360 元
234	銷售通路管理實務〈增訂二版〉	360 元
235	求職面試一定成功	360 元
236	客戶管理操作實務〈增訂二版〉	360 元
237	總經理如何領導成功團隊	360 元
238	總經理如何熟悉財務控制	360 元
239	總經理如何靈活調動資金	360 元
240	有趣的生活經濟學	360 元
241	業務員經營轄區市場（增訂二版）	360 元
242	搜索引擎行銷	360 元
243	如何推動利潤中心制度（增訂二版）	360 元
244	經營智慧	360 元
245	企業危機應對實戰技巧	360 元
246	行銷總監工作指引	360 元
247	行銷總監實戰案例	360 元
248	企業戰略執行手冊	360 元
249	大客戶搖錢樹	360 元
250	企業經營計畫〈增訂二版〉	360 元
251	績效考核手冊	360 元
252	營業管理實務（增訂二版）	360 元

253	銷售部門績效考核量化指標	360 元
254	員工招聘操作手冊	360 元
255	總務部門重點工作（增訂二版）	360 元
256	有效溝通技巧	360 元
257	會議手冊	360 元
258	如何處理員工離職問題	360 元
259	提高工作效率	360 元
260	贏在細節管理	360 元

《商店叢書》

4	餐飲業操作手冊	390 元
5	店員販賣技巧	360 元
9	店長如何提升業績	360 元
10	賣場管理	360 元
12	餐飲業標準化手冊	360 元
13	服飾店經營技巧	360 元
14	如何架設連鎖總部	360 元
18	店員推銷技巧	360 元
19	小本開店術	360 元
20	365 天賣場節慶促銷	360 元
21	連鎖業特許手冊	360 元
23	店員操作手冊（增訂版）	360 元
25	如何撰寫連鎖業營運手冊	360 元
26	向肯德基學習連鎖經營	350 元
29	店員工作規範	360 元
30	特許連鎖業經營技巧	360 元
32	連鎖店操作手冊（增訂三版）	360 元
33	開店創業手冊〈增訂二版〉	360 元
34	如何開創連鎖體系〈增訂二版〉	360 元
35	商店標準操作流程	360 元

36	商店導購口才專業培訓	360 元
37	速食店操作手冊〈增訂二版〉	360 元
38	網路商店創業手冊〈增訂二版〉	360 元
39	店長操作手冊（增訂四版）	360 元
40	商店診斷實務	360 元
41	店鋪商品管理手冊	360 元

《工廠叢書》

1	生產作業標準流程	380 元
5	品質管理標準流程	380 元
6	企業管理標準化教材	380 元
9	ISO 9000 管理實戰案例	380 元
10	生產管理制度化	360 元
11	ISO 認證必備手冊	380 元
12	生產設備管理	380 元
13	品管員操作手冊	380 元
15	工廠設備維護手冊	380 元
16	品管圈活動指南	380 元
17	品管圈推動實務	380 元
20	如何推動提案制度	380 元
24	六西格瑪管理手冊	380 元
29	如何控制不良品	380 元
30	生產績效診斷與評估	380 元
32	如何藉助 IE 提升業績	380 元
35	目視管理案例大全	380 元
38	目視管理操作技巧(增訂二版)	380 元
40	商品管理流程控制(增訂二版)	380 元
42	物料管理控制實務	380 元
43	工廠崗位績效考核實施細則	380 元
46	降低生產成本	380 元
47	物流配送績效管理	380 元

49	6S 管理必備手冊	380 元
50	品管部經理操作規範	380 元
51	透視流程改善技巧	380 元
55	企業標準化的創建與推動	380 元
56	精細化生產管理	380 元
57	品質管制手法〈增訂二版〉	380 元
58	如何改善生產績效〈增訂二版〉	380 元
59	部門績效考核的量化管理〈增訂三版〉	380 元
60	工廠管理標準作業流程	380 元
61	採購管理實務〈增訂三版〉	380 元
62	採購管理工作細則	380 元
63	生產主管操作手冊(增訂四版)	380 元
64	生產現場管理實戰案例〈增訂二版〉	380 元
65	如何推動 5S 管理（增訂四版）	380 元
66	如何管理倉庫（增訂五版）	380 元
67	生產訂單管理步驟〈增訂二版〉	380 元

《醫學保健叢書》

1	9 週加強免疫能力	320 元
2	維生素如何保護身體	320 元
3	如何克服失眠	320 元
4	美麗肌膚有妙方	320 元
5	減肥瘦身一定成功	360 元
6	輕鬆懷孕手冊	360 元
7	育兒保健手冊	360 元
8	輕鬆坐月子	360 元
10	如何排除體內毒素	360 元

11	排毒養生方法	360 元
12	淨化血液　強化血管	360 元
13	排除體內毒素	360 元
14	排除便秘困擾	360 元
15	維生素保健全書	360 元
16	腎臟病患者的治療與保健	360 元
17	肝病患者的治療與保健	360 元
18	糖尿病患者的治療與保健	360 元
19	高血壓患者的治療與保健	360 元
21	拒絕三高	360 元
22	給老爸老媽的保健全書	360 元
23	如何降低高血壓	360 元
24	如何治療糖尿病	360 元
25	如何降低膽固醇	360 元
26	人體器官使用說明書	360 元
27	這樣喝水最健康	360 元
28	輕鬆排毒方法	360 元
29	中醫養生手冊	360 元
30	孕婦手冊	360 元
31	育兒手冊	360 元
32	幾千年的中醫養生方法	360 元
33	免疫力提升全書	360 元
34	糖尿病治療全書	360 元
35	活到 120 歲的飲食方法	360 元
36	7 天克服便秘	360 元
37	為長壽做準備	360 元
38	生男生女有技巧〈增訂二版〉	360 元

《培訓叢書》

4	領導人才培訓遊戲	360 元

8	提升領導力培訓遊戲	360 元
11	培訓師的現場培訓技巧	360 元
12	培訓師的演講技巧	360 元
14	解決問題能力的培訓技巧	360 元
15	戶外培訓活動實施技巧	360 元
16	提升團隊精神的培訓遊戲	360 元
17	針對部門主管的培訓遊戲	360 元
18	培訓師手冊	360 元
19	企業培訓遊戲大全（增訂二版）	360 元
20	銷售部門培訓遊戲	360 元
21	培訓部門經理操作手冊（增訂三版）	360 元
22	企業培訓活動的破冰遊戲	360 元

《傳銷叢書》

4	傳銷致富	360 元
5	傳銷培訓課程	360 元
7	快速建立傳銷團隊	360 元
9	如何運作傳銷分享會	360 元
10	頂尖傳銷術	360 元
11	傳銷話術的奧妙	360 元
12	現在輪到你成功	350 元
13	鑽石傳銷商培訓手冊	350 元
14	傳銷皇帝的激勵技巧	360 元
15	傳銷皇帝的溝通技巧	360 元
16	傳銷成功技巧（增訂三版）	360 元
17	傳銷領袖	360 元

《幼兒培育叢書》

1	如何培育傑出子女	360 元
2	培育財富子女	360 元
3	如何激發孩子的學習潛能	360 元

4	鼓勵孩子	360 元
5	別溺愛孩子	360 元
6	孩子考第一名	360 元
7	父母要如何與孩子溝通	360 元
8	父母要如何培養孩子的好習慣	360 元
9	父母要如何激發孩子學習潛能	360 元
10	如何讓孩子變得堅強自信	360 元

《成功叢書》

1	猶太富翁經商智慧	360 元
2	致富鑽石法則	360 元
3	發現財富密碼	360 元

《企業傳記叢書》

1	零售巨人沃爾瑪	360 元
2	大型企業失敗啟示錄	360 元
3	企業併購始祖洛克菲勒	360 元
4	透視戴爾經營技巧	360 元
5	亞馬遜網路書店傳奇	360 元
6	動物智慧的企業競爭啟示	320 元
7	CEO 拯救企業	360 元
8	世界首富　宜家王國	360 元
9	航空巨人波音傳奇	360 元
10	傳媒併購大亨	360 元

《智慧叢書》

1	禪的智慧	360 元
2	生活禪	360 元
3	易經的智慧	360 元
4	禪的管理大智慧	360 元
5	改變命運的人生智慧	360 元
6	如何吸取中庸智慧	360 元

7	如何吸取老子智慧	360 元
8	如何吸取易經智慧	360 元
9	經濟大崩潰	360 元
10	有趣的生活經濟學	360 元

《DIY 叢書》

1	居家節約竅門 DIY	360 元
2	愛護汽車 DIY	360 元
3	現代居家風水 DIY	360 元
4	居家收納整理 DIY	360 元
5	廚房竅門 DIY	360 元
6	家庭裝修 DIY	360 元
7	省油大作戰	360 元

《財務管理叢書》

1	如何編制部門年度預算	360 元
2	財務查帳技巧	360 元
3	財務經理手冊	360 元
4	財務診斷技巧	360 元
5	內部控制實務	360 元
6	財務管理制度化	360 元
8	財務部流程規範化管理	360 元
9	如何推動利潤中心制度	360 元

爲方便讀者選購，本公司將一部分上述圖書又加以專門分類如下：

《企業制度叢書》

1	行銷管理制度化	360 元
2	財務管理制度化	360 元
3	人事管理制度化	360 元
4	總務管理制度化	360 元
5	生產管理制度化	360 元
6	企劃管理制度化	360 元

《主管叢書》

1	部門主管手冊	360 元
2	總經理行動手冊	360 元
4	生產主管操作手冊	380 元
5	店長操作手冊（增訂版）	360 元
6	財務經理手冊	360 元
7	人事經理操作手冊	360 元
8	行銷總監工作指引	360 元
9	行銷總監實戰案例	360 元

《總經理叢書》

1	總經理如何經營公司(增訂二版)	360 元
2	總經理如何管理公司	360 元
3	總經理如何領導成功團隊	360 元
4	總經理如何熟悉財務控制	360 元
5	總經理如何靈活調動資金	360 元

《人事管理叢書》

1	人事管理制度化	360 元
2	人事經理操作手冊	360 元
3	員工招聘技巧	360 元
4	員工績效考核技巧	360 元
5	職位分析與工作設計	360 元
7	總務部門重點工作	360 元
8	如何識別人才	360 元
9	人力資源部流程規範化管理（增訂二版）	360 元
10	員工招聘操作手冊	360 元
11	如何處理員工離職問題	360 元

《理財叢書》

1	巴菲特股票投資忠告	360 元
2	受益一生的投資理財	360 元
3	終身理財計劃	360 元

4	如何投資黃金	360 元
5	巴菲特投資必贏技巧	360 元
6	投資基金賺錢方法	360 元
7	索羅斯的基金投資必贏忠告	360 元
8	巴菲特為何投資比亞迪	360 元

《網路行銷叢書》

1	網路商店創業手冊〈增訂二版〉	360 元
2	網路商店管理手冊	360 元
3	網路行銷技巧	360 元
4	商業網站成功密碼	360 元
5	電子郵件成功技巧	360 元
6	搜索引擎行銷	360 元

《企業計畫叢書》

1	企業經營計劃	360 元
2	各部門年度計劃工作	360 元
3	各部門編制預算工作	360 元
4	經營分析	360 元
5	企業戰略執行手冊	360 元

《經濟叢書》

1	經濟大崩潰	360 元
2	石油戰爭揭秘(即將出版)	

建立企業圖書館

當市場競爭激烈時：

培訓員工，強化員工競爭力
是企業最佳對策

「人才」是企業最大的財富。如何提升人才，是企業永續經營、戰勝對手的核心競爭力。積極培訓公司內部員工，是經濟不景氣時期的最佳戰略，而最快速的具體作法，就是**「建立企業內部圖書館，鼓勵員工多閱讀、多進修專業書籍」**

建議您：請一次購足本公司所出版各種經營管理類圖書，作為貴公司內部員工培訓圖書。 使用率高的（例如「贏在細節管理」），準備多本；使用率低的（例如「工廠設備維護手冊」），只買 1 本。

最暢銷的企業培訓叢書

	名稱	說明	特價
1	培訓遊戲手冊	書	360 元
2	業務部門培訓遊戲	書	360 元
3	企業培訓技巧	書	360 元
4	企業培訓講師手冊	書	360 元
5	部門主管培訓遊戲	書	360 元
6	團隊合作培訓遊戲	書	360 元
7	領導人才培訓遊戲	書	360 元
8	部門主管手冊	書	360 元
9	總經理工作重點	書	360 元
10	企業培訓遊戲大全	書	360 元
11	提升領導力培訓遊戲	書	360 元
12	培訓部門經理操作手冊	書	360 元
13	專業培訓師操作手冊	書	360 元
14	培訓師的現場培訓技巧	書	360 元
15	培訓師的演講技巧	書	360 元

上述各書均有在書店陳列販賣，若書店賣完，而來不及由庫存書補充上架，請讀者直接向店員詢問、購買，最快速、方便！

請透過郵局劃撥購買：

戶名：憲業企管顧問公司

帳號：18410591

經營顧問叢書 ㉛   售價：360 元

提 高 工 作 效 率

西元二〇一一年四月   初版一刷

編輯指導：黃憲仁

編著：丁振國

策劃：麥可國際出版有限公司（新加坡）

編輯：蕭玲

校對：焦俊華

發行人：黃憲仁

發行所：憲業企管顧問有限公司

電話：（02）2762-2241　　（03）9310960　　0930872873

臺北聯絡處：臺北郵政信箱第 36 之 1100 號

銀行 ATM 轉帳：合作金庫銀行　　帳號：**5034-717-347447**

郵政劃撥：**18410591　　憲業企管顧問有限公司**

江祖平律師顧問：紙品書、數位書著作權與版權均歸本公司所有

登記證：行政業新聞局版台業字第 6380 號

本公司徵求海外版權出版代理商（0930872873）

本圖書是由憲業企管顧問（集團）公司所出版，以專業立場，為企業界提供最專業的各種經營管理類圖書。

圖書編號 ISBN：978-986-6421-99-0